中国移动互联网发展

年　鉴

(2022)

QuestMobile 研究院 著

经济日报 出版社

图书在版编目（CIP）数据

中国移动互联网发展年鉴. 2022 / QuestMobile研究
院著. -- 北京 : 经济日报出版社, 2023.3
ISBN 978-7-5196-1293-1

Ⅰ. ①中… Ⅱ. ①Q… Ⅲ. ①移动网－发展－中国－
2022－年鉴 Ⅳ. ①TN929.5-54

中国国家版本馆CIP数据核字(2023)第036006号

中国移动互联网发展年鉴（2022）

作　者	QuestMobile 研究院
责任编辑	陈 芬
责任校对	韩红 贾瑞雪
出版发行	经济日报出版社有限责任公司
地　址	北京市西城区白纸坊东街2号 A座综合楼710(邮政编码:100054)
电　话	010-63567684 （总编室）
	010-63538863 （财经编辑部）
	010-63567689 （企业与企业家史编辑部）
	010-63567683（经济与管理学术编辑部）
	010-63538621 63567692 （发行部）
网　址	www.edpbook.com.cn
E - mail	edpbook@126.com
经　销	全国新华书店
印　刷	北京虎彩文化传播有限公司
开　本	787mm×1092mm　1/16
印　张	29
字　数	449千字
版　次	2023年3月第一版
印　次	2023年3月第一次印刷
书　号	ISBN 978-7-5196-1293-1
定　价	138.00元

序言

剖视"黄金十年"，共赢"钻石时代"

2012年，中国移动互联网用户首次超过PC端用户，达到4.84亿；到2022年，这一数字变成了11.9亿，10年间，中国移动互联网用户增长了146%。

2012年，中国互联网企业中上市数量为31家，这些企业的年度总收入为1462亿元；到2022年，这一数字分别变成了150家、4万亿元，10年间，分别增长了近5倍、30倍。

数字的巨大跃迁，昭示了中国移动互联网的""黄金十年""。

"黄金十年"与"三次浪潮"

10年里，中国移动互联网经历了三波发展浪潮，分别是"跑马圈地模式""精细化运营模式""全景生态流量模式"。三个模式代表了中国移动互联网发展的不同阶段，并由此涌现出了该阶段的"弄潮儿"。

从2012年到2016年快速增长期，用户自然增长速度很快，给传统新闻资讯、社交工具及团购O2O等应用领域，带来了巨大的发展机会；同时，移动支付、LBS等技术，给移动互联网赛道带来新拓展，新零售、共享、直播等新兴运营模式不断涌现，带动了行业快速增长。

从2017年到2019年，由于用户自然增长接近结束、移动端流量增长大幅放缓，BAT等超级APP纷纷开通小程序平台，用户流量从APP向多元渠道拓展，用户黏性持续加深，私域流量模式兴起。

最终，从2020年开始至今，移动互联网正式进入存量争夺时代。随着新的技术不断演进，智能终端增多、AI算法日趋成熟，囊括跨平台用户的服务模式随之兴起，伴随着监管规范化，市场进入变革时期。

由此带来的变化也很清晰。第一阶段的流量增长期，国家利好政策频出，与之相伴的，智能机市场份额、4G覆盖快速提升，到2016年11月，用户量突破10亿大关，月人均单日使用时长超过4.4小时。

到第二阶段，行业进入"瓶颈"，寻找增量成了各家主题，与之相伴，智能机市场趋于饱和，4G（Wi-Fi）用户超80%，到2019年底，用户仍维持在11亿左右，月人均单日使用时长为6.1小时。

这也导致了第三阶段的变化，各家"强化流量价值"。这个时期，智能手机占比达98%，但是，在2022年上半年出货量出现同比20%的暴跌，到2022年9月，用户依旧维持在11.9亿左右，唯一值得庆幸的是，月人均单日使用时长仍继续增长至7.2小时。

"产业韧劲"与"融合创新"

三个阶段的变化，深刻影响了整个移动互联网产业。加之宏观环境的改变、技术形态的迁延、用户习惯的迁移，整个产业正迎来新的重构。对于未来，业内唱好、唱衰之声都有，产业各方观点莫衷一是。那么，中国移动互联网未来10年将会如何发展呢？

第一，产业链路重构正在发生，产业韧劲正在彰显。

过去两三年，新产品（如智能车、智能家电、互联网电视等）、新渠道（如各类电商、线上线下融合零售模式等）、新营销（如社交媒体多元化、内容营销视频化、私域运营精准化等），共同推动了整个产业链发生了深度变革。

由此带来的变化也很显著。各主要消费领域中，国货品牌持续崛起，新兴品牌蹿升速度远超此前任何一个时代；同时，健康方面的消费需求，也在快速线上化，线上医疗、线上运动健身、智能健康设备快速发展。这些最终都深度渗入居民生活中，成为改变居民生活方式的重要因素。

在可以预见的未来，这种技术推动数字经济越发深入人们生活的情况，将会持续发展，无论是服务线上化、终端智能化，还是"视频场景化"，这些都会成为下一个10年，中国移动互联网创新的热门领域。

第二，数字化营销快速成长，融合发展挖掘新红利。

营销赛道中的核心支柱。预计2022年互联网广告市场规模将突破6800亿。其中，短视频、社交、电商平台等短交易路径的应用平台，吸引了越来越多广告投放，尤其是，伴随着算法和精准分发的"切割售卖"模式，品牌营销进入全新时代。

与此同时，互联网触点多元化，形成跨屏、链接线下的融合生态流量，截至2022年9月，PC端月活用户7.12亿、移动APP端11.96亿。同时，各主要入口流量稳定增长，小程序为场景融合、场景快速切换提供了广阔空间，微信小程序、支付宝小程序、百度智能小程序去重活跃用户规模分别为9.21亿、6.68亿、4.01亿。

这些趋势背后，人群潜力得到持续释放，截至2022年9月，全网51岁以上"银发人群"规模超过3亿，下沉市场用户规模超过7亿，成为大盘活力来源；其余各类细分人群中，如新中产、育婴群体、Z世代等，在消费能力和消费喜好、应用及内容偏好上，均呈现出各自特色。

第三，数字化深入生活、生产方式，"精耕细作+多点开花"成制胜关键。

移动互联网越来越深入到用户的日常生活中，从社交、购物、生活、旅游，到办公、学习、理财，移动互联网已经成为用户"数字化生存"的关键，赛道内细分市场、细分模式此起彼伏，"精、专、深"成为发展的核心关键词。

在平台方的技术、基础设施的支持下，KOL（个人、机构、品牌）与用户形成了密切的私域互动形态，优质内容生态体系已经完整搭建，社交、娱乐平台基本瓜分了用户碎片时间，如抖音、快手等。2022年9月，人均单日使用时长超过100分钟，给了KOL更多空间。目前，泛类和垂类KOL正面临此消彼长。

电商经济方面，综合电商模式持续主导，并随着线上线下的结合，基于人、货、场的变化而衍生出多类模式，社区零售电商、垂直品类电商、内容流量电商等，均涌现出了代表性玩家。

与此同时，生活经济也随之崛起，"在线预订+到店""即买即送"成为都市用户生活消费的重要方式，典型本地生活APP中，流量规模呈增长趋势，其中美团APP占据大部分流量。

同时，市场创新点很多，从云计算、人工智能、区块链、VR&AR&XR、下一代计算、机器人等技术，到元宇宙、智慧医疗、智慧办公、智慧物流、智慧零售等领域和场景，都孕育着新的用户服务模式和市场创新机会，必须快速捕捉技术发展和投入应用的模式，挖掘市场创新点。

携手共赢"钻石时代"

以上诸多创新实践，正在快速发展，交织在一起，带来了更多的可能性，如传统的平台商业化探索、互联网赛道产品创新经验、新发展领域企业市场布局、典型品牌的数字化模式，等等，每一个可能性背后，都预示着下一个10年的"商业巨头"即将诞生。

如果说，过去10年，移动互联网经历了""黄金十年""，那么，在融合创新的推进下，未来10年，移动互联网将迎来"钻石时代"：移动联网产业会变得更实体、更坚硬，更具有韧劲、更加闪耀，随着数字化深入融合生活、生产制造方方面面，移动互联网还会"点亮"各行各业，推动产业格局的重塑和新平衡的达成，最终形成新的商业逻辑和行业规则。

这个过程中，恰恰也会涌现出新的产业变革机会，一如10年前。如何抓住这些机会？QuestMobile期待以《中国移动互联网发展年鉴（2022）》为载体，携手共赢"钻石时代"。

作者：Mr.QM （QuestMobile 研究员）

目 录

回首

移动互联网"黄金十年"发展回顾

（2012-2022年）

第一篇章

移动互联网「黄金十年」发展回顾

本篇核心观点

1 **2012–2016年 快速增长时期**

移动端成企业布局的首选平台，互联网公司加速向移动端布局，移动支付、LBS等移动互联网服务基础功能逐步完善，电商、互联网金融、打车软件、外卖服务、电子竞技等行业先后崛起，吸引用户、资本、相关产业等纷纷涌向移动互联网行业。

2 **2017–2019年 多元拓展时期**

移动端流量增长已大幅放缓，BAT等超级APP纷纷开通小程序平台，用户流量从APP向多元渠道拓展，新零售、共享、直播等新兴运营模式不断涌现，并带动移动互联网相关行业快速发展，用户的网络黏性持续加深。

3 **2020–2022年 存量运营时期**

移动互联网进入存量时代，企业竞争加剧，降本增效成企业发展重点，国家管控加严，从监管处罚向系统化规范逐步完善，新兴技术从产业到市场得到全面应用，推动整个行业市场进入变革时期。

2012—2022年：中国移动互联网经历了发展的"黄金十年"，从流量的爆发式增长到存量化运营，行业也在经历着快速的时代变迁

	2012年 流量快速增长	2017年 寻找新增流量	2020年 强化流量价值
网络环境	2G、3G、4G	以4G为主	以4G为主、5G逐步发展
基础设施	移动支付、LBS等 基础服务功能已构建	推荐算法在多领域快速发展 下沉市场物流被贯通	智能硬件快速发展并普及 直播技术在多领域快速发展
用户市场	用户黏性快速增长 用户群体以"80后""90后"为主	用户增长趋于稳定 重点拓展下沉用户	用户行为趋于稳定 "00后""银发群体"成重要增长点
运营重点	广泛拓展市场赛道 争夺蓝海，抢占流量	提升流量变现效率 寻找新增流量渠道	企业运营降本增效 存量化运营为主
热门赛道	O2O、网约车……	短视频、社交电商……	社区团购、直播电商……

移动互联网"黄金十年"发展阶段特征

Source：QuestMobile研究院，2022年10月。

2012—2016年：流量快速增长，多行业迅速崛起，政策大力扶持

2012年	2013年	2014年	2015年	2016年

移动流量暴涨， 互联网企业纷纷发力， 打车软件掀起烧钱大 O2O烧钱补贴盛行，大 春节红包大战，支付
网络企业加快移动互 抢占市场入口 战 众分领域加速洗牌 宝"集五福"引发热
联网转型 潮

- 各大互联网公司纷 • 阿里巴巴推出余额 • 年初，滴滴和快的 • 滴滴快的、美团大 • 2016年春节期间，
纷推出针对移动互 宝、百度推出百度 各自出台补贴政策， 众点评、58赶集等 支付宝推出"集五
联网产品，广泛涉 在线理财产品，新 抢占用户流量，日 O2O巨头合并 福"活动，微信官
及软硬件各个领域 浪推出微博钱包， 均烧钱过亿元 方的"照片红包"
腾讯推出微信支 • 百度推糯米、阿里 先后刷屏
- 6月底，手机首次 付…… 车辆市场补贴大 巴巴推口碑、京东
超越台式电脑成第 战 推到家，大公司入
一大上网终端 互联网巨头纷纷加 局 敬畏、支付宝先后收费，
码O2O小电 • 美团、饿了么疯狂 移动支付进入收费时代
互联网广泛渗透， 地推出巨额补贴， • 饿了么、爱鲜蜂、
巨头切入硬件领域 • 阿里巴巴入股新浪 抢占市场份额…… e袋洗等到家模式
大门 微博，百度收购 创业公司崛起 • 3月起，微信支付
PPS视频业务，苏 移动互联网时代到 对累计超1000元额
- 即小米手机发布后， 宁云商投资PPTV， 来，新的巨头诞生 移动互联网进入下 度提现将收费
盛大、网易、腾讯、 腾讯注资搜狗，百 新的巨头涌现 半场，"独角兽"初现
360、阿里巴巴等 度收购91无线业 • 10月起，支付宝对
纷纷涉足手机领域 务…… • 8月，起源于美国 • 3月，李克强总理 累计超20000额度
的冰桶挑战赛短短 政府工作报告中首 提现将收费
与互联网进行融合的 电子商品发展促进， 几天风靡全球，众 提"互联网+"行
"盒子" 互联网逐渐渗入O2O 多科技公司负责人 动计划 随着付费模式进入市场，
和网络名人加入 各领域纷纷推出付费产品
- OTT概念火爆，百 • 支付宝"双11"成 电子竞技获利巨大，
视通、PPTV、乐视、 交额达350亿元， 互联网逐渐渗入生 • 10月，中国移动电 • 4月，知乎Live发布
小米等开始进军相 京东全年交易额突 活方方面面 竞联盟成立，中国
关领域 破1000亿元大关 全年电竞市场收入 • 5月，付费语音问
• 9月，阿里巴巴正 首超韩国 答产品"分答"上
微信微博火爆，社交 • 苏宁举办中国首届 式赴美上市，是美 线
网络流行 O2O购物节，实体 国历史上最大IPO 移动支付门槛提高，
零售和电商企业纷 大量中小商户离场 • 6月，得到APP上线
- 中国社交网络用户 纷开展线上线下融 • 微博、聚美优品、 其第一个付费订阅
达4亿，接近全球 合 京东、迅雷、陌陌、 • 以BAT为代表的互 专栏"李翔商业内
1/3 汽车之家纷纷赴美 联网企业扎堆进入 参"
4G牌照发放，中国 上市 银行金融服务行业，
- 3月，微信用户突 网络提速加快进行中 加强服务能力 互联网治理进管理办法
破1亿，不到半年 • 11月19-21日，乌 陆续出台
再增长1亿 • 12月，工信部向三 镇举办首届世界互 • 移动支付基本覆盖
大运营商颁发4G牌 联网大会 餐饮、超市、便利 • 7月，网约车新规
互联网巨头撬动线下， 照 店、外卖、商圈、 发布
传统电商线上转型 机场、美容美发、
政策与资源双向发力， 电影院等八大线下 • 8月，网贷新规出
- 京东、苏宁、国美、 多领域互联网技术 场景 台
当当、易迅等爆发 加速推动线上线下
价格战，线上销量 融合深化 BAT开始服务各个领域， • 9月，互联网广告
大涨…… 三位一体格局初步形 新规正式出台
成
• 11月，人大高票通
过《中华人民共和
国网络安全法》

2012-2016年 中国移动互联网发展大事件盘点

Source: QuestMobile 研究院，2022年10月；根据公开资料整理。

智能机市场份额快速提升，出货量在2016年达到顶峰，4G覆盖快速提升，逐步成为市场主流

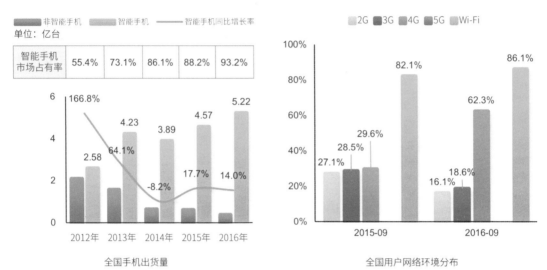

全国手机出货量 　　　　全国用户网络环境分布

Source: QuestMobile TRUTH 中国移动互联网数据库，2016年9月；中国信通院，2016年12月。

用户流量增长迅猛，年均增长超1亿台，2016年11月突破10亿台

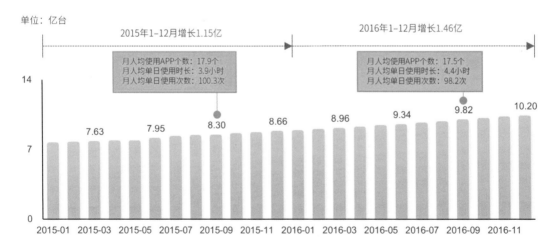

2015-2016年中国移动互联网月活跃用户规模

Source: QuestMobile TRUTH 中国移动互联网数据库，2016年12月。

2017—2019年：流量拓展多元化，新兴模式运用，互联网上市潮出现

2017年	2018年	2019年

BAT陆续推出小程序，降低获客成本，拓展自身业务，逐步成为企业服务中台

- 1月，张小龙在2017微信公开课Pro上发布的微信小程序正式上线
- 8月，支付宝小程序开放公测
- 2018年7月，百度智能小程序正式上线

"人机大战"再度引领人工智能走入大众

- 5月，谷歌公司的AI机器人AlphaGo3：0战胜排名世界第一的围棋高手柯洁

无人店悄然兴起"新零售"

- 各式各样的无人店在各大城市出现，有无人超市、无人便利店、无人洗衣店等，无人化正在成为零售业的一种趋势

共享产品呈现大批倒闭态势，引擎资本从暗潮中回归冷静

- 截至7月，全国共有近70家共享单车企业，市场竞争不断加剧，倒闭潮、押金难退等消息不断曝出
- 7月，发展改革委等八部门联合印发《关于促进分享经济发展的指导性意见》

"中国制造2025"全面实施，工业互联网助推先进制造业发展

- 2017年"中国制造2025"进入全面实施阶段
- 11月，国务院印发《关于深化"互联网+先进制造业"发展工业互联网的指导意见》

第三次互联网科技企业上市潮

- 据不完全统计，2017年10月至2018年9月，共有33家互联网公司境外上市（包含港交所），包括哔哩哔哩、爱奇艺、虎牙直播、拼多多、美团等

短视频大爆发，互联网娱乐再提新高度

- 短视频应用在中国的人气飙升，抖音成继微信后新一代国民级APP，快手日活也超过1亿
- 7月，国家版权局等部门启动"剑网2018"专项行动
- 9月，国家版权局约谈15家短视频企业

P2P平台潮爆发，网络行业人大合规发展加速

- 6月1日至7月12日的42天内，全国共有108家P2P平台爆雷
- 8月，全国P2P网络借贷风险专项整治工作领导小组办公室下发开展网贷机构合规检查工作通知

人工智能纷纷落地，各领域加速AI赋能

- 人工智能是2018年最热门的科技词汇之一，运营商、互联网企业、IT企业、手机厂商等，都希望借助AI实现网络、产品与方案的变革

国产手机品牌势头崛起，强势布局海外市场

- 中国智能手机市场被华为、OPPO、vivo和小米四大本土品牌主导
- 华为全年出货2亿台，进入欧洲市场前五；小米出货1亿台，占印度市场25%左右

社交产品爆发，互联网企业纷纷推出社交APP

- 年初，马桶MT、多闪、聊天宝陆续发布
- 年中，灵鸽、群聊、飞聊、狐友、绿洲上线
- 年底，人人网回归社交

华为被列入实体名单，中国开启对中国芯的探讨

- 5月，华为被美国列入"实体名单"，不允许从美国购买零部件。后续美国又颁布一系列"禁令"

工信部发放5G商用牌照，中国正式进入5G应用元年

- 6月，工信部正式向中国电信、中国移动、中国联通、中国广电发放5G商用牌照
- 11月，三大运营商正式上线5G商用套餐

华为发布鸿蒙系统，拉升手机自主操作系统探索

- 8月，2019华为全球开发者大会，正式发布了自主研发的操作系统鸿蒙
- 10日，搭载鸿蒙OS的首款产品荣耀智慧屏问世

阿里巴巴赴港股上市

- 11月，阿里巴巴正式在港交所挂牌上市，成为首个同时在美股和港股两地上市的中国互联网公司

直播电商"爆发年"，直播为电商注入新活力

- 直播网购用户群体的人均使用时长和次数，均高于移动电商全网大盘数据
- 天猫"双11"出现了超过10个亿元直播间和超过100个千万元直播间

2017-2019年 中国移动互联网发展大事件盘点

Source：QuestMobile 研究院，2022年10月；根据公开资料整理。

全国手机出货量有所回落，智能机市场占有率接近饱和，超80%用户通过4G和Wi-Fi上网

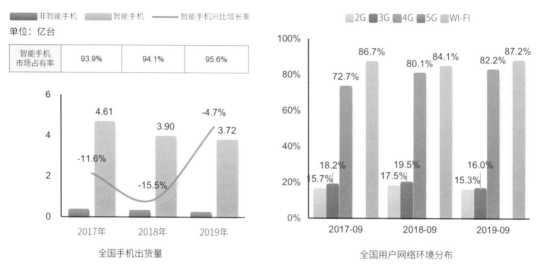

全国手机出货量

全国用户网络环境分布

Source：QuestMobile TRUTH 中国移动互联网数据库，2019年9月；中国信通院，2019年12月。

流量规模增长趋缓，用户网络黏性继续加深，互联网全面覆盖国内居民

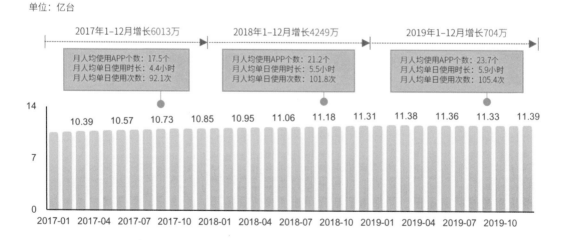

2017-2019年 中国移动互联网月活跃用户规模

Source：QuestMobile TRUTH 中国移动互联网数据库，2019年12月。

2020—2022年：企业降本增效，新概念兴起，政策监管系统化

2020年	2021年	2022年
防控疫情推动非接触式经济高速发展，经济社会数字化进程明显提速	华为正式发布HarmonyOS2操作系统，成全球第三大手机操作系统	多地政府出台政策大力培育发展"元宇宙"相关产业

2020年

防控疫情推动非接触式经济高速发展，经济社会数字化进程明显提速

- 互联网企业结合自身业务特性与技术优势多措并举，大力推广非接触式经济发展新模式
- 线上办公、线上购物、线上学习、线上就诊等成为企业们角逐头部生态战略的重要战场

社区团购行业大爆发，阿里巴巴、拼多多、美团纷纷入局

- 6月，滴滴推出社区团购小程序"橙心优选"
- 7月，美团成立社区团购事业部"美团优选"；阿里巴巴联合大润发成立社区团购项目组
- 8月，拼多多试点多多买菜
- 11月，盒马试运营社区团购
- 12月，京东重组"京喜"业务入局社区团购

《十四五规划纲要建议》出台，统筹推进新型基础设施建设

- 10月，会议通过《十四五规划纲要建议》，提出系统布局新型基础设施，加快第五代移动通信、工业互联网、大数据中心等建设

经济全球化遭遇逆流，企业出海面临持续挑战

- 5月，美国进一步加大对华为打压力度，限制对华为的芯片供应
- 8月，美国公布"清洁网络计划"，为数字技术设立非关税贸易壁垒
- 10月，《欧盟外资审查条例》正式实施，欧盟国家外资审查政策愈加收紧

2021年

华为正式发布HarmonyOS2操作系统，成全球第三大手机操作系统

- 6月，华为正式发布HarmonyOS 2（鸿蒙）手机操作系统

元宇宙概念深入人心，各大企业加速布局

- 10月，Facebook正式更名Meta，将业务聚焦元宇宙，腾讯、阿里巴巴、字节跳动纷纷表示正在布局元宇宙

"双减"政策出台，培训机构面临寒冬

- 7月，相关部门印发"双减"意见，对课后补习机构的投融资、业务类型、经营时间等均提出了严格要求，各地方陆续出台相关政策规定

反垄断指南等政策出台，互联网企业合规发展进程加速

- 2月，《反垄断指南》正式印发，首次系统回应互联网平台垄断挑战
- 10月，《反垄断法（修正草案）》公布，这是我国反垄断法自发布以来首次修正，加大了对垄断行为的处罚力度，并有效防止资本无序扩张
- 11月，国家反垄断局正式挂牌

适老化服务和乡村振兴建设全面推进，助力跨越"数字鸿沟"

- 1月，互联网应用适老化及无障碍改造专项行动正式启动
- 4月，针对互联网的《适老化通用设计规范》和《适老化通用设计规范》发布
- 9月，《数字乡村建设指南1.0》正式发布

2022年

多地政府出台政策大力培育发展"元宇宙"相关产业

- 上海探索成立元宇宙创新联盟；合肥瞄准量子信息、核能技术、元宇宙、超导技术、精准医疗等前沿领域；成都主动抢占量子通信、元宇宙等未来赛道，打造数字化制造"灯塔工厂"

全国一体化大数据中心体系完成总体布局设计，"东数西算"工程正式全面启动

- 2月，多部委联合印发文件在多地启动建设国家算力枢纽节点，并规划10个国家数据中心集群
- 8月，国家西部算力产业联盟在宁夏回族自治区银川市成立，形成与京津冀地区、长三角地区、粤港澳大湾区及成渝地区四大核心区域

多政策出台，扶持工业互联网产业实现快速发展

- 3月，李克强总理《政府工作报告》连续第5年提到"工业互联网"
- 4月，工信部发文支持符合条件的工业互联网企业上市；工信部表示，我国工业互联网产业规模突破万亿元大关

我国已建成全国规模最大网络基础设施，5G覆盖全球领先

- 2月，北京冬奥会开幕，京张线成为全球首条实现5G全覆盖的高铁线路，5G技术在多场景实现应用
- 7月，网信办发布报告显示，我国已建成全球规模最大、技术领先的网络基础设施
- 8月，2022世界5G大会数据显示，中国5G网络基站数量达185.4万个，终端用户超过4.5亿户，均占全球60%以上，全国运营商5G投资超过4000亿元

2020-2022年 中国移动互联网发展大事件盘点

Source: QuestMobile 研究院，2022年10月；根据公开资料整理。

手机出货量受宏观环境影响短期波动，智能手机市场占有率达到98%，用户使用5G比例开始逐步增长

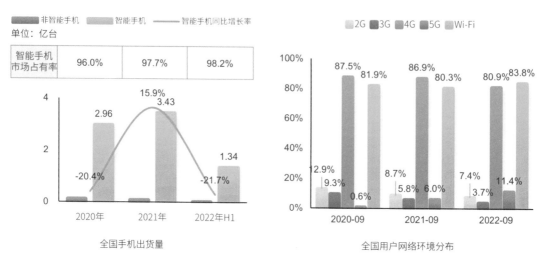

全国手机出货量　　　　　全国用户网络环境分布

Source: QuestMobile TRUTH 中国移动互联网数据库，2022年9月；中国信通院 2022年6月。

受疫情等不可抗力因素影响，国内经济数字化发展全面加深，用户流量和使用黏性再迎小幅增长

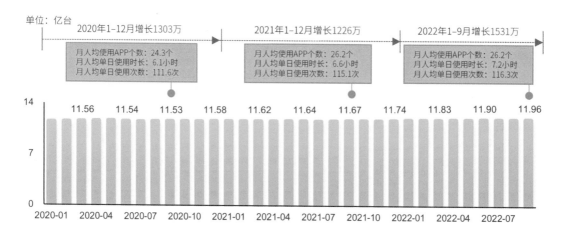

2020–2022年 中国移动互联网月活跃用户规模

Source: QuestMobile TRUTH 中国移动互联网数据库，2022年9月。

聚焦

移动互联网当下发展整体环境

第二篇章

2020—2022年 移动互联网环境分析

本篇核心观点

① **宏观经济&政策形势**

国际局势持续动荡，存在诸多不稳定性，国内经济逐步趋稳，动态清零政策下进入社会发展新常态，经济数字化发展已成为保障社会经济的重要举措，互联网政策从惩罚性监管向系统化规范过渡，政策的不断完善助推相关产业领域持续向好发展。

② **社会环境&技术发展**

出生率降低、人口老龄化等诸多社会现实问题显现，但城镇化建设基础也在不断提升，数字经济构建逐步完善，国潮消费带动整个市场呈现新的发展趋势，国民健康意识觉醒，新兴技术的迭代升级逐步改变着人们的生活方式，带动数字化服务对用户生活的渗透加深。

③ **投资形势&上市情况**

先进制造、医疗健康、企业服务占据超过半数的企业获投需求，也凸显当前互联网行业整体的布局趋势，头部互联网公司也基于以上领域根据战略发展需要进行差异化投资，国际形势的不确定性带来企业的赴港上市潮。

本 章 内 容

- 01.宏观经济&政策形势

- 02.社会环境&技术发展

- 03.投资形势&上市情况

2021年主要国家GDP同比均呈不同程度增长，但受整体国际环境、疫情等多方因素影响，不确定性依然存在

国家/地区	2021年GDP总值（万亿美元）	2021年GDP同比增长	2020年GDP总值（万亿美元）	2020年GDP同比增长
美国	23.00	5.7%	20.89	-3.4%
中国	17.73	8.1%	14.69	2.2%
日本	4.94	1.6%	5.04	-4.5%
德国	4.22	2.9%	3.85	-4.6%
英国	3.19	7.4%	2.76	-9.3%
印度	3.17	9.0%	2.67	-6.6%
法国	2.94	7.0%	2.63	-7.9%
意大利	2.10	6.6%	1.89	-9.0%
加拿大	1.99	4.6%	1.65	-5.2%
韩国	1.80	4.0%	1.64	-0.9%
俄罗斯	1.78	4.8%	1.49	-2.7%
巴西	1.61	4.6%	1.45	-3.9%
澳大利亚	1.54	1.5%	1.33	0.0%
西班牙	1.43	5.1%	1.28	-10.8%
墨西哥	1.29	4.8%	1.09	-8.2%

国内生产总值（GDP）TOP15国家/地区

Source：QuestMobile研究院，2022年10月；世界银行，2021年12月。

国内经济经历过去两年的大幅波动后已逐步趋稳，动态清零防控政策下社会生活进入新常态

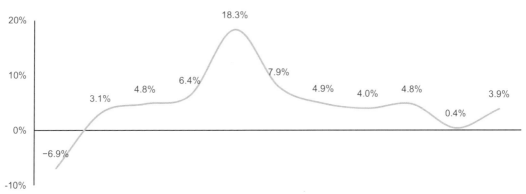

2020-2022年 各季度中国国内生产总值（GDP）同比变化

Source：QuestMobile研究院，2022年10月；国家统计局，2022年9月。

社会消费零售因短期环境影响呈现一定波动，网上零售成为复杂环境下的重要保障

2020-2022年各月中国社会消费品零售总额同比变化

Source：QuestMobile研究院，2022年10月；国家统计局，2022年9月。

互联网监管政策逐步系统化、精细化，助推行业在规范中向好发展

系统化：互联网政策法规体系不断完善
• 《中华人民共和国数据安全法》
• 《中华人民共和国个人信息保护法》
• 《关于平台经济领域的反垄断指南》
• 《关键信息基础设施安全保护条例》
• 《汽车数据安全管理若干规定（试行）》

严监管：网络安全保障能力全方位提升
• **网络和数据安全**：《关于深入推进移动物联网全面发展的通知》《国家车联网产业标准体系建设指南（智能交通相关）》《关于加快推动区块链技术应用和产业发展的指导意见》等
• **新业态发展**：《网络交易监督管理办法》《网络直播营销管理办法（试行）》等
• **平台管理**：《关于进一步压实网络平台信息内容管理主题责任的意见》《互联网平台络视主题责任指南（征求意见稿）》等

精细化：政策措施和技术标准密集发布
• **发展规划**：《"十四五"信息通信行业发展规划》《"十四五"软件和信息技术服务业发展规划》《"十四五"信息化和工业化深度融合发展规划》《"十四五"电子商务发展规划》等
• **政策措施**：加强网络产品安全漏洞、车联网安全、物联网安全、工业互联网安全、5G网络应用安全等细化领域的管理
• **技术标准**：发布车联网网络安全、电信和互联网行业数据安全等标准体系……

促发展：互联网相关产业持续稳中向好
利用互联网新技术改造传统产业：
• **工业互联网**：《工业互联网专项工作组2021年工作计划》
• **医疗保障信息化**：《国家医疗保障居关于加强网络安全和数据保护工作的指导意见》
• **金融**：《关于规范金融业开源技术应用与发展的意见》
• **网络表演**：《网络表演经纪机构管理办法》
• **互联网广告**：《互联网广告管理办法（公开征求意见稿）》

中国互联网政策法规建设方向

Source：QuestMobile研究院，2022年10月；根据公开资料整理。

互联网反垄断监管系统也已逐步建立，从惩罚整顿逐步向规范发展迈进

- 2022.08 新修订的《反垄断法》2022年8月1日起实施，本次修改为新时代强化反垄断、深入推进公平竞争政策实施奠定坚实的法治根基
- 2021.11 国家反垄断局正式挂牌成立
- 2021.04 国家市场监管总局会同中央网信办、国家税务总局召开34家互联网平台企业行政指导会，明确提出互联网平台企业要知敬畏、守规矩，限期全面整改问题，建立平台经济新秩序
- 2021.02 国务院反垄断委员会发布《关于平台经济领域的反垄断指南（正式意见稿）》
- 2020.12 "反垄断"成为中央经济工作会议提出的2021年八项重点任务之一
- 2020.11 《关于平台经济领域的反垄断指南（征求意见稿）》发布，明确"二选一"和"大数据杀熟"等行为可能构成的滥用市场支配地位行为性质
- 2020.01 国家市场监管总局发布《反垄断法》修订草案，增设对互联网企业支配地位认定的规定

2020—2022年互联网反垄断相关政策进程

推动拆除平台间壁垒
- 对当前互联网企业之间互相不兼容、不能够互相进入的情况，采取措施进行干预

限制经营者集中
- 限制市场过度集中，尤其通过资本形式，如同行业头部企业并购，行业头部企业对其他公司的大范围收购等

打击滥用市场支配地位
- 重点打击"二选一"或者设立门槛限制这种对中小企业产生破坏的行为

限制平台企业进入新产业领域后整合产业链
- 单一公司在某一产业领域全面整合上下游产业链，导致具体项目可以实现全产业链跑通式的运行

互联反垄断着力限制的垄断行为

Source：QuestMobile研究院，2022年10月；根据公开资料整理。

许多涉及国民生计和未来趋势的行业领域，相关政策也在逐步完善，以保障社会发展的快速稳步进行

- 《关于印发〈工业互联网专项工作组2021年工作计划〉的通知》（2021.05）
- 《国家智能制造标准体系建设指南（2021版）》（2021.11）
- 《工业互联网综合标准化体系建设指南（2021版）》（2021.11）
- 《关于加强智能网联汽车生产企业及产品准入管理的意见》（2021.07）
- 《关于印发〈"十四五"信息化和工业化深度融合发展规划〉的通知》（2021.11）
- 《关于印发〈"十四五"智能制造发展规划〉的通知》（2021.12）
- 《"十四五"机器人产业发展规划》（2021.12）
- 《"十四五"原材料工业发展规划》（2021.12）

- 《关于推动电子商务企业绿色发展工作的通知》（2021.01）
- 《关于开展2021年电子商务进农村综合示范工作的通知》（2021.05）
- 《直播电子商务平台管理与服务规范》行业标准（征求意见稿）》（2021.08）
- 《"十四五"电子商务发展规范》（2021.10）
- 《关于推动生活性服务业补短板上水平提高人民生活品质的若干意见》（2021.10）
- 《"十四五"国家知识产权保护和运用规划》（2021.10）
- 《关于扩大跨境电商零售进口试点、严格落实监管要求的通知》（2021.03）
- 《关于加快发展外贸新业态新模式的意见》（2021.07）

- **广告：**《关于做好校外培训广告管控的通知》（2021.11）、《互联网广告管理办法（公开征求意见稿）》（2021.11）
- **直播：**《关于加强网络直播规范管理工作的指导意见》（2021.02）、《网络直播营销管理办法（试行）》（2021.04）、《网络表演经纪机构管理办法》（2021.08）
- **新技术：**《全国一体化大数据中心协同创新体系算力枢纽实施方案》（2021.05）、《关于加快推动区块链技术应用和产业发展的指导意见》（2021.06）、《5G应用"扬帆"行动计划（2021-2023年）》（2021.07）、《新型数据中心发展三年行动计划（2021-2023年）》（2021.07）
- **信息化：**《"十四五"信息通信行业发展规划》（2021.11）、《"十四五"软件和信息技术服务业发展规划》（2021.11）、《"十四五"大数据产业发展规划》（2021.11）、《"十四五"国家信息化规划》（2021.12）

推动互联网相关领域发展的政策汇总

Source：QuestMobile研究院，2022年10月；根据公开资料整理。

本章内容

- 01.宏观经济&政策形势

- 02.社会环境&技术发展

- 03.投资形势&上市情况

人口层面面临着出生率降低、人口老龄化的现实问题，是影响互联网整体市场变化和相关行业发展的重要因素

2012-2021年 中国出生人口数及人口自然增长率　　2012-2021年 中国总人口各年龄段人口比重

Source：QuestMobile 研究院，2022年10月；国家统计局，2021年12月。

城镇化发展一直保持稳步进行，也成为保障互联网行业发展的社会基础

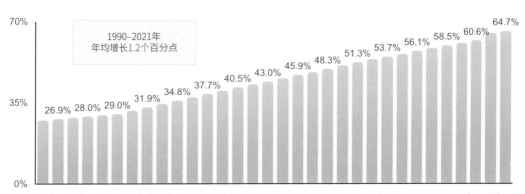

1990-2021年 中国城镇化率

Source：QuestMobile 研究院，2022年10月；国家统计局，2021年12月。

近几年的国潮消费带动整体市场从产品设计、销售渠道、营销方式上都在发生改变，在顺应社会主流消费需求的同时也在推动模式的不断创新

科技进步+成熟产业链

新能源造车新势力：蔚来、小鹏、理想……
互联网电视新势力：小米、华为、荣耀……
智能生活家电品牌：云米、科沃斯、萤石……
冷萃速溶便携咖啡：三顿半、永璞、隅田川……
消费无人机品牌：大疆创新……

需求迭代+年轻主力消费

- 好玩有趣颜值：POP MART、花西子……
- 解决需求痛点：元气森林、鲨鱼菲特、薇诺娜……
- 单身经济带动：自嗨锅、食族人、单身粮……
- 传统文化回归：汉尚华莲、片仔癀、知嘢健康……
- 刚需个性场景化：茶颜悦色、奈雪的茶……
- 用户圈层差异化：江小白、bosie、小佩宠物……

线上+电商

- 传统电商：淘宝、京东、天猫……
- 社交电商：拼多多、微商、美团优选……
- 导购电商：什么值得买、美丽说……
- 小程序电商：有赞……
- 直播电商：抖音、快手、淘宝直播……
- DTC品牌：完美日记、元气森林、三顿半……

线上+线下融合

- 零售新物种：盒马生鲜、永辉新物种、T11……
- 无人值守：无人餐厅、自动售货机、智能便利店……
- 新集合店：名创优品、KK集团、harmay话梅……
- 文旅新业态：大唐不夜城、文和友、青岛啤酒博物馆……
- 互联网便利店：便利蜂、苏宁小店、京东便利店……
- 新商业综合体：北京SKP-S、成都汇港天地……

社交媒体多元化

微信、微博、知乎、哔哩哔哩、小红书、抖音、快手、视频号、

内容营销视频化

从纯文字到图文结合视频和直播成主流

媒介渠道一体化

抖音、快手等构建电商闭环
淘宝、拼多多、京东等涉猎内容

线下媒体场景化

电梯、地铁、高铁、航空等户外媒体

私域运营精准化

微信公众号、视频号、小程序、其他媒体账号

全民皆媒体

KOL、KOC、普通用户

国潮趋势特征总结

Source：QuestMobile研究院，2022年10月；根据公开资料整理。

在各主要消费领域，用户提及度居前的品牌中，国货品牌已占据较大比例，许多新兴品牌也快速崛起，已成为助推市场消费的中坚力量

家电行业		美妆行业		母婴行业		食品饮品	
美的	49943	雅诗兰黛	68269	巴拉巴拉	170172	良品铺子	38255
九阳	45842	兰蔻	50651	巴布豆	153724	明治	33106
海尔	34435	珀莱雅	46390	史努比	53493	统一食品	31660
飞利浦	21141	香奈儿美妆	38473	十月结晶	34427	海底捞	31538
苏泊尔	20865	完美日记	32851	迪士尼	32131	伊利	31144
荣事达	19324	海蓝之谜	31051	BabyCare	31641	喜茶	28791
奥克斯	17636	资生堂	26984	袋鼠妈妈	30150	茶百道	20564
戴森	17497	自然堂	26478	小黄鸭	23970	小样	20502
摩飞	16520	博柏利美妆	26333	英氏	22536	思念食品	20309
小熊电器	13685	薇诺娜	26230	窝小芽	17017	瑞幸咖啡	19456

2022年9月 典型行业品牌提及次数TOP10

注：1.品类提及次数：统计周期内，在指定KOL平台中，包含某品类相关内容的发稿数量，指定KOL平台包括抖音、快手、微博、小红书、哔哩哔哩、微信公众号。2.红底标记的品牌为国产品牌。
Source：QuestMobile TRUTH BRAND 品牌数据库，2022年9月。

国民的整体健康意识也在快速提高，对于健康方面的消费需求不断提升，线上医疗、线上运动健身、智能健康设备等也成为当前互联网健康发展的重要领域

2012 — 2021年全国居民健康素养水平

2022年9月 健康相关APP行业月活跃用户规模

注：1.健康素养是指个人获取、理解、处理基本的健康信息和服务，并利用这些信息和服务，做出有利于提高和维护自身健康决策的能力。2.健康素养水平是通过（涵盖科学健康观、传染病防治、慢性病防治、安全与急救、基本医疗和健康信息六大问题展开全国调研，80分以上为合格，合格人数占比即为健康素养水平。
Source: QuestMobile TRUTH 中国移动互联网数据库，2022年9月；国家卫健委，2021年12月。

从国家整体发展到社会消费需求，多方面因素都在不断推动新兴技术的出现，逐步带动移动互联网行业进入新的发展时代

新兴科技领域PEST分析及发展成就

Source: QuestMobile 研究院，2022年10月；工信部，2022年9月；中国信通院，2021年12月；根据公开资料整理。

移动互联网对于居民生活的全面渗透也成为复杂的社会环境下保障居民生活的重要方式，许多新技术模式的应用在逐步改变人们的生活方式

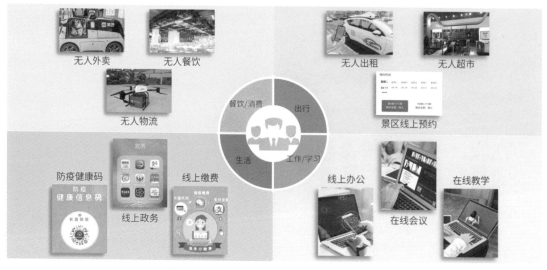

近几年，数字经济在人们生活各方面的发展应用案例

Source：QuestMobile研究院，2022年10月；根据公开资料整理。

许多互联网企业也在通过技术创新改善人们的生活环境，承担企业的社会责任

近几年，移动互联网企业的社会责任体现

Source：QuestMobile研究院，2022年10月；根据公开资料整理。

技术发展正在全面改变移动互联网的发展轨迹，数字经济越发深入人们生活

- 2022年9月，全国网民月活跃用户规模达11.96亿，同比增长2.5%
- 2022年9月，全国网民月人均单日使用时长7.2小时，同比增长7.7%

- 2022年9月，智能家居行业月活跃用户规模达23258万，同比增长30.6%
- 2022年9月，智能穿戴行业月活跃用户规模达10279万，同比增长12.9%
- 2022年9月，智能汽车行业月活跃用户规模达3235万，同比增长63.9%

- 2022年9月，全网用户使用时长占比：（TOP1）短视频27.6%
- 2022年9月，各平台观看直播用户占比：抖音88.7%、快手87.9%、淘宝22.4%、京东7.6%

企业服务提供全面线上化转移

软硬件产业全面国产自主化发展

服务提供的硬件终端智能化升级

企业流量服务生态全景化拓展

用户服务提供的视频场景化融入

- 2021年，实现并初步完成了28纳米芯片的自主化生产
- 2021年，中国半导体集成电路产量将达到3594亿片，同比增长33.3%（国家统计局）
- 截至2022年7月，国产自主手机操作系统--华为鸿蒙系统用户突破3亿，成为史上发展最快的智能终端操作系统

- 2022年9月，微信小程序去重用户规模达9.21亿，同比增长15.6%
- 2022年9月，支付宝小程序去重用户规模达6.68亿，同比增长12.5%
- 2022年9月，百度智能小程序去重用户规模达4.01亿，同比增长4.4%

近几年，技术发展带来的移动互联网行业变化

Source: QuestMobile TRUTH中国移动互联网数据库，2022年9月；TRUTH全景生态流量数据库，2022年9月；
国家统计局，2021年12月；华为官方公开数据，2022年7月。

本 章 内 容

- 01.宏观经济&政策形势

- 02.社会环境&技术发展

- 03.投资形势&上市情况

先进制造、医疗健康、企业服务占据超过50%的企业获投，也凸显当前发展技术创新、健康医疗、提升企业营效的社会需要

■先进制造 ■医疗健康 ■企业服务 ■电商零售 ■智能硬件 ■汽车交通 ■本地生活 ■传统制造 ■文娱传媒 ■元宇宙 ■其他

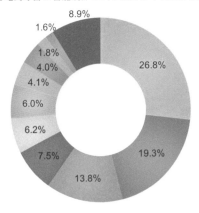

2022年1-10月 中国各领域公司获投数量分布比例

注：统计时间截至2022年10月31日

Source：QuestMobile 研究院，2022年10月；根据公开资料整理。

各大头部互联网公司基于自身战略需要已形成明显投资布局差异。其中，在制造、企业服务、医疗健康等方面具有较高共识

腾讯系			阿里巴巴系			百度系			字节/抖音系		
行业名称	2022年1-10月	2021年全年	行业名称	2022年1-10月	2021年全年	行业名称	2022年1-10月	2021年全年	行业名称	2022年1-10月	2021年全年
企业服务	14.6%	19.1%	智能硬件	17.9%	4.9%	医疗健康	26.9%	28.6%	企业服务	25.0%	20.6%
先进制造	14.6%	2.3%	物流	10.7%	12.2%	先进制造	19.2%	16.3%	智能硬件	18.8%	7.9%
金融	12.2%	7.6%	企业服务	7.1%	13.4%	企业服务	15.4%	18.4%	医疗健康	12.5%	7.9%
文娱传媒	9.8%	12.2%	电商零售	7.1%	13.4%	智能硬件	11.5%	8.2%	文娱传媒	12.5%	9.5%
游戏	9.8%	23.3%	医疗健康	7.1%	9.8%	汽车交通	7.7%	14.3%	元宇宙	12.5%	1.6%

美团系			京东系			小米系		
行业名称	2022年1-10月	2021年全年	行业名称	2022年1-10月	2021年全年	行业名称	2022年1-10月	2021年全年
智能硬件	36.4%	16.0%	物流	50.0%	10.0%	先进制造	41.2%	28.0%
先进制造	27.3%	12.0%	传统制造	50.0%	0	智能硬件	18.6%	11.3%
汽车交通	27.3%	12.0%	企业服务	0.0%	20.0%	传统制造	7.2%	0.6%
电商零售	9.1%	12.0%	电商零售	0.0%	15.0%	企业服务	7.2%	13.7%
企业服务	0	4.0%	医疗健康	0.0%	10.0%	汽车交通	5.2%	11.3%

2021-2022年 部分头部互联网公司投资数量分布比例

注：1.统计时间截至2022年10月31日。2.统计投资事件中，腾讯系包括腾讯，腾讯音乐娱乐集团、阅文集团、腾讯云、腾讯众创空间；阿里巴巴系包括阿里巴巴、阿里巴巴创业者基金、eWTP基金、蚂蚁金服、钉钉、阿里巴巴云、菜鸟网络、阿里巴巴健康、阿里巴巴影业；百度系包括百度、百度风投；美团系包括美团、美团龙珠；京东系包括京东、京东云、京东物流、京东数科、京东健康、千树资本、汇禾资本；小米系包括小米集团、小米长江产业基金、顺为资本、华米科技。

Source：QuestMobile 研究院，2022年10月；根据公开资料整理。

许多公司通过模式和技术创新进入独角兽TOP行列，居前的互联网公司依然经过多年发展，已在相关行业市场拥有较为稳定的用户基础

序号	公司名称	所属行业	最新估值 （亿美元）	最新一轮 融资时间	最新一轮 融资轮次	最新一轮 融资金额
1	字节跳动	文娱传媒	3480	2021.08.18	战略投资	未透露
2	蚂蚁集团	金融	1500	2018.06.27	战略投资	218亿元人民币
3	阿里巴巴云	企业服务	1238	2015.07.29	战略投资	60亿元人民币
4	Sheln领添科技	电商零售	1000	2022.04.07	F轮	数亿元美元
5	京东科技	金融	304	2020.06.26	战略投资	17.8亿元人民币
6	万达商管	房产服务	300	2021.09.16	战略投资	60亿美元
7	菜鸟网络	物流	299	2019.11.08	战略投资	233亿元人民币
8	大疆	智能硬件	220	2015.05.06	C轮	7500万美元
9	极兔速递	物流	200	2021.11.18	C轮	25亿美元
10	小红书	本地生活	200	2021.11.08	战略投资	5亿美元
11	微众银行	金融	185	2016.01.28	A轮	12亿元人民币
12	广汽埃安	汽车交通	159	2022.10.21	A轮	182.94亿元人民币
13	元气森林	电商零售	150	2021.11.02	战略投资	2亿美元
14	兴盛优选	电商零售	120	2021.07.16	E轮	3亿美元
15	纵目科技	汽车交通	114	2022.03.28	E轮	10亿元人民币

国内独角兽公司 TOP15

注：1.统计时间截至2022年10月31日。2.独角兽公司，投资界术语，一般指成立不超过10年。估值要超过10亿美元，少部分估值
超过100亿美元的企业。
Source：QuestMobile 研究院，2022年10月；根据公开资料整理。

国际局势动荡与中美关系的不确定性，促使国内交易所成为当前互联网公司上市的主要选择

公司名称	行业	成立时间	上市时间	交易所	IPO首日市值
叮当快药	医疗健康	2014年09月	2022年09月	港交所	160.98亿元港币
智云健康	医疗健康	2014年12月	2022年07月	港交所	179亿元港币
快狗打车	物流	2017年07月	2022年06月	港交所	137亿元港币
贝壳集团*	房产服务	2017年11月	2022年05月	港交所	1100亿元港币
知乎*	文娱传媒	2011年01月	2022年04月	港交所	104.54亿元港币
新浪微博*	社交网络	2009年08月	2021年12月	港交所	600亿元港币
网易云音乐	文娱传媒	2013年04月	2021年12月	港交所	425.9亿元港币
滴滴出行	汽车交通	2012年07月	2021年06月	纽交所	670亿美元
叮咚买菜	电商零售	2014年03月	2021年06月	纽交所	55亿美元
每日优鲜	电商零售	2014年10月	2021年06月	纳斯达克	32亿美元
万物新生-爱回收	电商零售	2010年05月	2021年06月	纽交所	37.93亿美元
Boss直聘	企业服务	2012年12月	2021年06月	纳斯达克	149亿美元
携程*	旅游	1999年10月	2021年04月	港交所	1778亿元港币
怪兽充电	智能硬件	2017年04月	2021年04月	纳斯达克	21亿美元
哔哩哔哩bilibili*	文娱传媒	2010年01月	2021年03月	港交所	3074亿元港币
知乎	文娱传媒	2011年01月	2021年03月	纽交所	53.1亿美元
百度*	工具软件	2000年01月	2021年03月	港交所	7128.45亿元港币
汽车之家*	汽车交通	2006年08月	2021年03月	港交所	908亿元港币
快手*	文娱传媒	2011年03月	2021年02月	港交所	13800亿元港币
京东健康	医疗健康	2010年09月	2020年12月	港交所	2995.5亿元港币
陆金所	金融	2011年09月	2020年10月	纽交所	328.83亿美元
贝壳集团	房产服务	2017年11月	2020年08月	纽交所	225亿美元
京东*	电商零售	2004年01月	2020年06月	港交所	7028亿元港币
网易*	文娱传媒	1997年06月	2020年06月	港交所	4180亿元港币
荔枝	文娱传媒	2007年12月	2020年01月	纳斯达克	5.2亿美元
蛋壳公寓	房产服务	2015年01月	2020年01月	纽交所	27.4亿美元

2020-2022年10月 中国互联网公司上市情况

注：标*为赴港二次上市的公司

Source：QuestMobile 研究院，2022年10月；根据公开资料整理。

第三篇章

移动互联网全产业链分析

本篇核心观点

① 上游：运营商、终端厂商

数字化经济发展的持续加深带动用户对于手机终端要求的不断提高，中高端手机需求不断提升，中老年群体是主要增长源，OPPO、vivo、小米等国产手机品牌市场份额正在逐步扩大，品牌流向用户结构呈现较高集中度。

② 中游：移动互联网流量分布

移动互联网整体流量预计2022年末突破12亿，流量增长趋缓下，用户黏性还在持续加深，10亿量级行业达到7个，且和其他行业存在较大数量差，用户使用时长持续向短视频倾向，短视频+即时通讯占据了全体用户超过50%的时长比例。

③ 下游：下载渠道、流量分发

应用商店依然是用户下载的主要渠道，通过搜索引擎、社区平台等下载需求快速增长，头部互联网企业的流量虹吸效应依然强劲，基于超级APP的小程序流量分发已成为各大企业拓展用户服务场景的重要方式。

本章内容

- 01.上游：运营商、终端厂商

- 02.中游：移动互联网流量分布

- 03.下游：下载渠道、流量分发

随移动网络在人们生活中的不断渗透以及线上服务需求的不断提升，人们对于手机终端的使用要求也在加强，2000元以上的中高端机型占比正在逐步增长

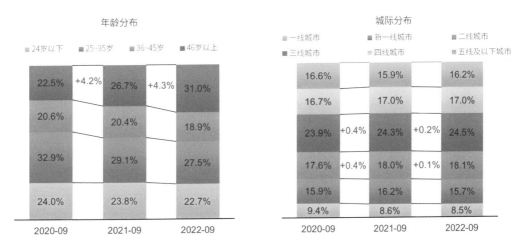

中国手机终端价格分布

Source: QuestMobile TRUTH中国移动互联网数据库，2022年9月。

46岁以上和二三线城市人群是中高价位手机终端的主要市场增长源，也说明中老年群体对于手机使用要求提升明显

2000元以上价位手机终端用户画像

Source: QuestMobile GROWTH用户画像标签数据库，2022年9月。

OPPO、vivo、小米等国产手机品牌市场份额正在逐步扩大，三家共占据45.3%的比例

■华为 ■Apple ■OPPO ■vivo ■小米 ■其他

	华为	Apple	OPPO	vivo	小米	其他
2022-09	24.2%	21.7%	20.0%	14.7%	10.6%	8.9%
			+0.0%	+0.7%	+0.6%	
2021-09	27.6%	21.7%	20.0%	14.0%	10.0%	6.9%
			+1.4%	-1.5%	+0.7%	
2020-09	27.4%	21.6%	18.6%	15.5%	9.3%	7.6%

中国手机终端品牌分布

注：荣耀品牌数据自2021年9月起从华为品牌中进行独立拆分统计。
Source：QuestMobile TRUTH 中国移动互联网数据库，2022年9月。

OPPO热门新终端机型价位以2000~4000元为主，时尚设计和摄像能力是主打宣传

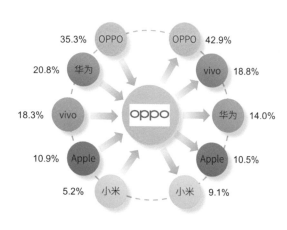

2022年9月 OPPO手机终端品牌来源去向

终端机型	激活占有率	官方价（元）	机型特征
OPPO Reno 8	18.1%	2499	80W超级闪充、5000万水光人像三摄、3200万前置索尼镜头
OPPO Reno 8 Pro	9.7%	2999	前后双旗舰人像镜头、芯片级4K超清夜景视频、120Hz E4超清屏
OPPO A97	6.1%	1999	5000mAh超大电池、环绕式立体双扬声器、4800万超清影像
OPPO Reno 8 Pro+	5.8%	3699	前后双旗舰人像镜头、芯片级4K超清夜景视频、120Hz OLED超清屏
OPPO A96	4.3%	1599	时尚超薄直角机身、OLED超清炫彩屏、双子星环呼吸灯

2022年9月 OPPO新终端机型激活占有率TOP5

注：1.来源占比：在统计周期(月)内，从A终端品牌换到B终端品牌的用户数占从所有终端品牌换到B终端品牌用户数的比例。2.去向占比：在统计周期(月)内，从B终端品牌换到A终端品牌的用户数占从B终端品牌换到所有终端品牌用户数的比例。3.激活占有率：在统计周期(周/月)内，首次使用某款新机型的设备数占所有使用新机型设备数的比例。新机型指一款机型从上市当月开始向后的3个月内。例如，一款机型6月上市，从6月至9月该机型视为新机型。4.官方价按最低配置机型计算。
Source：QuestMobile TRUTH 中国移动互联网数据库，2022年9月；根据公开资料整理。

vivo热门新机型价位跨度较大，iQOO作为主打子品牌，在性能配置和电竞定位方面表现抢眼

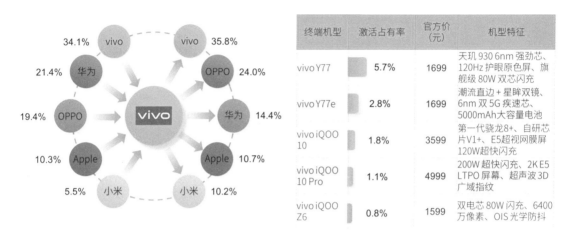

2022年9月 vivo手机终端品牌来源去向

终端机型	激活占有率	官方价（元）	机型特征
vivo Y77	5.7%	1699	天玑930 6nm 强劲芯、120Hz护眼原色屏、旗舰级 80W 双芯闪充
vivo Y77e	2.8%	1699	潮流直边＋星眸双镜、6nm 双5G疾速芯、5000mAh大容量电池
vivo iQOO 10	1.8%	3599	第一代骁龙8+、自研芯片V1+、E5超视网膜屏 120W超快闪充
vivo iQOO 10 Pro	1.1%	4999	200W 超快闪充、2K E5 LTPO 屏幕、超声波 3D 广域指纹
vivo iQOO Z6	0.8%	1599	双电芯 80W闪充、6400万像素、OIS 光学防抖

2022年9月 vivo新终端机型激活占有率TOP5

注：1.来源占比：在统计周期(月)内，从A终端品牌换到B终端品牌的用户数占从所有终端品牌换到B终端品牌用户数的比例。2. 去向占比：在统计周期(周/月)内，从B终端品牌换到A终端品牌的用户数占从B终端品牌换到所有终端品牌用户数的比例。3.激活占有率：在统计周期(周/月)内，首次使用某款新机型的设备数占所有首次使用新机型设备数的比例。新机型指一款机型从上市当月开始向后的3个月内。例如，一款机型6月上市，从6月至9月该机型视为新机型。4.官方价按最低配置机型计算。
Source：QuestMobile TRUTH 中国移动互联网数据库，2022年9月；根据公开资料整理。

小米热门新机型价位以2000元以上为主，其中折叠屏手机随市场热潮进入小米TOP5新机型

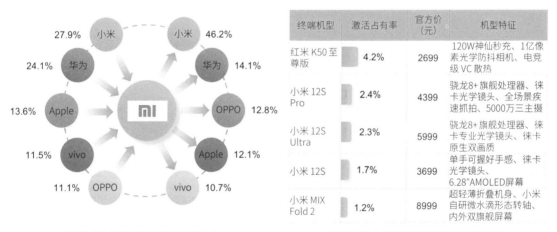

2022年9月 小米手机终端品牌来源去向

终端机型	激活占有率	官方价（元）	机型特征
红米 K50 至尊版	4.2%	2699	120W神仙秒充、1亿像素光学防抖相机、电竞级 VC散热
小米 12S Pro	2.4%	4399	骁龙8+ 旗舰处理器、徕卡光学镜头、全场景疾速抓拍、5000万三主摄
小米 12S Ultra	2.3%	5999	骁龙8+ 旗舰处理器、徕卡专业光学镜头、徕卡原生双画质
小米 12S	1.7%	3699	单手可握好手感、徕卡光学镜头、6.28"AMOLED屏幕
小米 MIX Fold 2	1.2%	8999	超轻薄折叠机身、小米自研微水滴形态转轴、内外双旗舰屏幕

2022年9月 小米新终端机型激活占有率TOP5

注：1.来源占比：在统计周期(月)内，从A终端品牌换到B终端品牌的用户数占从所有终端品牌换到B终端品牌用户数的比例。2. 去向占比：在统计周期(月)内，从B终端品牌换到A终端品牌的用户数占从B终端品牌换到所有终端品牌用户数的比例。3.激活占有率：在统计周期(周/月)内，首次使用某款新机型的设备数占所有首次使用新机型设备数的比例。新机型指一款机型从上市当月开始向后的3个月内。例如，一款机型6月上市，从6月至9月该机型视为新机型。4.官方价按最低配置机型计算。
Source：QuestMobile TRUTH 中国移动互联网数据库，2022年9月；根据公开资料整理。

本章内容

● **01.上游：运营商、终端厂商**

● 02.中游：移动互联网流量分布

● **03.下游：下载渠道、流量分发**

移动互联网整体用户在经历2021年初的增长低谷后，重新回归平稳，预计会在2022年末突破12亿

QuestMobile数据显示，从2018年4月移动互联网突破11亿规模来算，整体流量再度增长1亿经历近4年时间。

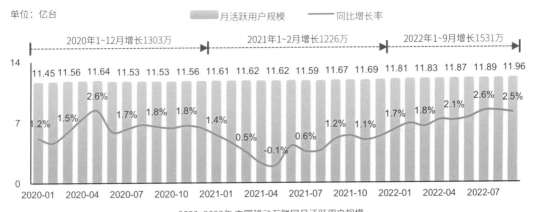

2020-2022年 中国移动互联网月活跃用户规模

Source：QuestMobile TRUTH 中国移动互联网数据库，2022年9月。

用户的网络使用黏性依然保持较平稳的增长态势，单日使用时长已达到7.15小时，占据全天近1/3的时间

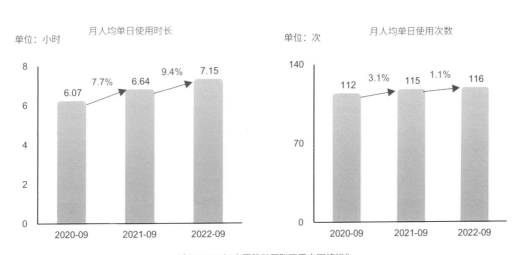

2020-2022年 中国移动互联网用户网络行为

Source：QuestMobile TRUTH 中国移动互联网数据库，2022年9月。

用户的每日活跃时段也在全面提升，除凌晨4~6点外，用户在其他时段对于网络的需求在持续加强

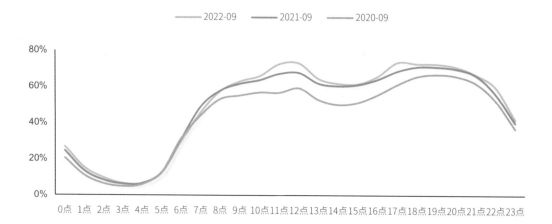

2020–2022年 中国移动互联网用户每日活跃时段

Source： QuestMobile TRUTH 中国移动互联网数据库，2022年9月。

中国移动互联网已有7个一级行业用户规模超过10亿，且流量依然保持强劲增长态势，与后面行业形成了较大的数量差

单位：亿台

同比 增长率	5.7%	2.1%	5.4%	7.0%	-0.9%	2.3%	7.2%	16.7%	-5.1%	-4.4%	-4.2%	-7.7%	2.6%	0.7%	28.7%

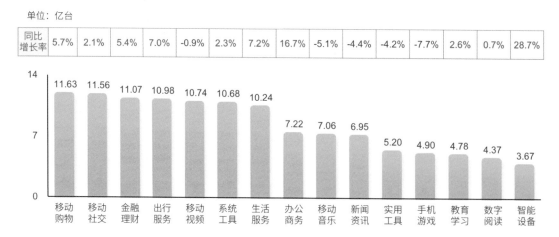

2022年9月 中国移动互联网一级行业月活跃用户规模TOP15

Source： QuestMobile TRUTH 中国移动互联网数据库，2022年9月。

亿量级以上细分行业中，紧密围绕用户生活工作需求的行业近两年呈现较大增长态势

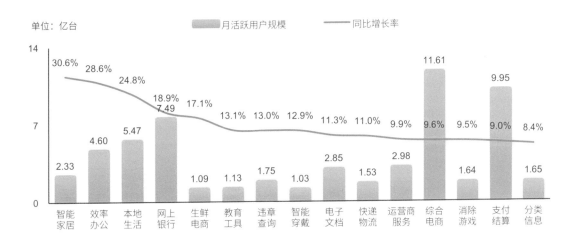

2022年9月中国移动互联网细分行业（MAU≥1亿）月活跃用户规模同比增长率TOP15

Source: QuestMobile TRUTH 中国移动互联网数据库，2022年9月。

千万级以上的细分行业中，部分传统品牌打通线上服务从而带动相关行业快速增长

2022年9月中国移动互联网细分行业（1亿>MAU≥1千万）月活跃用户规模同比增长率TOP15

注：酒水电商中i茅台APP于2022年3月31日正式启动试运行。

Source: QuestMobile TRUTH 中国移动互联网数据库，2022年9月。

短视频时长占比持续保持增长，短视频+即时通讯占据了网络用户超过50%的时长比例

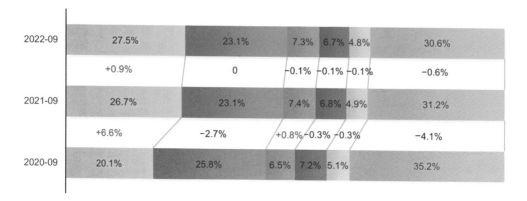

中国移动互联网细分行业用户使用总时长占比

Source: QuestMobile TRUTH 中国移动互联网数据库，2022年9月。

本章内容

- 01.上游：运营商、终端厂商

- 02.中游：移动互联网流量分布

- 03.下游：下载渠道、流量分发

应用商城依然是用户下载的主要渠道，但用户基于各类搜索引擎、社区平台进行下载的需求也在快速增长

单位：万人次

同比增长率	2.4%	−4.2%	−2.4%	13.1%	1.1%	18.3%	−1.7%	13.2%	−46.3%	99.6%

	华为应用市场	App Store	OPPO软件商店	vivo应用商店	小米应用商店	百度	三星应用商店	OPPO浏览器	应用宝	TapTap
下载用户数	98321	68393	57102	45679	33089	10335	5538	3676	2125	1805

2022年9月 下载用户数TOP10渠道

注：下载用户数：在统计周期（月）内，从该分发渠道下载了应用的用户数。在同一周期内（月）同一个用户从该渠道下载多款应用，会记录相应数量人次，在同一周期内（月）同一个用户从该渠道多次下载同款应用，则会记录一次。
Source: QuestMobile TRUTH 中国移动互联网数据库，2022年9月。

头部互联网公司依然保持较强的增长态势，企业流量高度集中于TOP1 APP

单位：亿台　　■企业去重总用户量　■TOP1 APP流量占比

企业APP个数	454	145	112	118	4	6	25	34	14	20	31	23	20	61	37
企业总用户量同比增长率	2.5%	2.1%	7.2%	5.7%	8.9%	31.3%	4.9%	−2.8%	−1.1%	−12.8%	6.4%	11.6%	−25.3%	−5.4%	−18.9%

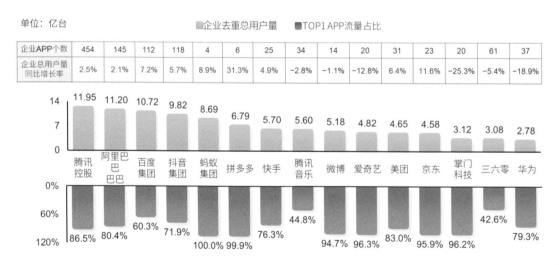

2022年9月 中国移动互联网去重总用户量TOP15企业

注：1.App个数：该企业下关联的App总个数。2.总用户量(去重)：在统计周期(月)内，该企业下各App用户量的去重总用户数。
Source: QuestMobile TRUTH 全景生态流量数据库，2022年9月。

BAT小程序平台整体流量趋稳下呈现小幅度增长态势，小程序已成为超级APP拓展用户服务、流量精准分发运营的重要方式

微信
2022年9月MAU：10.33亿
小程序用户渗透率：89.2%

支付宝
2022年9月MAU：8.69亿
小程序用户渗透率：76.9%

百度
2022年9月MAU：6.46亿
小程序用户渗透率：62.1%

2020-2022年BAT小程序平台去重用户总规模

Source：QuestMobile TRUTH 中国移动互联网数据库，2022年9月；TRUTH 全景生态流量数据库，2022年9月。

TOP1000 APP对于小程序的布局已基本趋于稳定，通过小程序进行流量拓展，实现用户多场景布局已成为当前流量布局主要模式

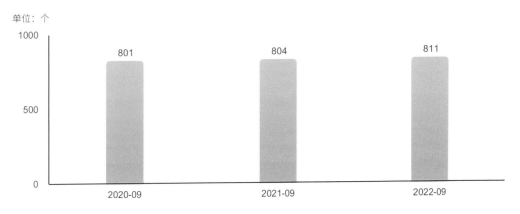

移动互联网月活跃用户规模TOP1000 APP 布局BAT小程序数量

Source：QuestMobile TRUTH 全景生态流量数据库，2022年9月。

千万量级的小程序数量依然保持一定增长，在用户对于小程序需求增长的同时，还呈现出头部应用聚集效应

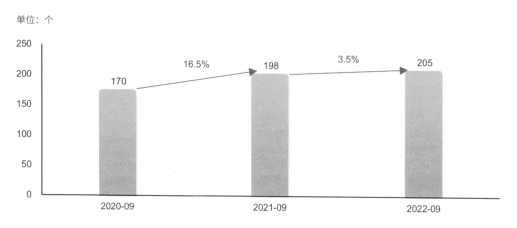

BAT小程序平台月活跃用户规模≥1000万的小程序数量

Source: QuestMobile TRUTH 全景生态流量数据库，2022年9月。

生活服务已成为BAT小程序平台TOP应用布局最多的行业，微信、支付宝多围绕金融消费、出行生活方面进行布局，百度则多布局教育、社交、内容方向

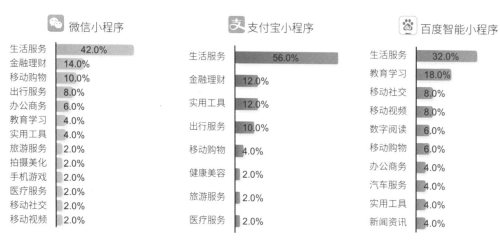

2022年9月 BAT小程序平台月活跃用户数TOP50典型应用行业分布

Source: QuestMobile TRUTH 全景生态流量数据库，2022年9月。

第四篇章

移动互联网商业化发展分析

本篇核心观点

1　**移动互联网商业化格局分析**

近3年，互联网商业化向交易及衍生服务集中，媒介及工具属性价值贡献度趋稳。

2　**数字营销发展分析**

数字营销产业链内容多维度延展，APP流量稳定增长、智能硬件拓展营销场景，营销信息流与销售更加紧密联合，注重整合营销效率为当下关键。

3　**交易模式发展分析**

线上交易行为持续加深，综合电商、直播电商、内容电商等作为交易渠道，拓展交易模式及营销场景。

4　**会员及相关发展分析**

付费会员及增值服务市场归属为流量变现的高阶市场，受付费意愿影响较大，发展趋缓。

5　**云/大数据及其他增值服务发展分析**

云及人工智能相关服务仍处于发展期，主要围绕主营业务展开，公有云和智能相关服务市场快速增长。

本章内容

- 01.移动互联网商业化格局分析

- 02.数字营销发展分析

- 03.交易模式发展分析

- 04.会员及相关发展分析

- 05.云/大数据及其他增值服务发展分析

互联网商业化进程继续向前拓展，收益增长趋缓

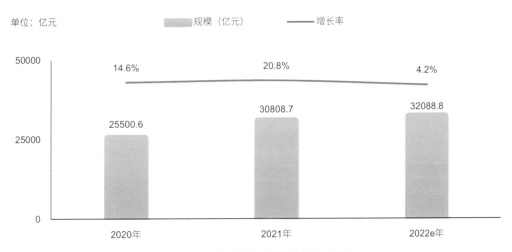

2020-2022年中国国内互联网市场收入规模

注：1.参照互联网企业公开财报、工业和信息化部发布互联网相关数据，以QuestMobile相关模型估算得出。
Source：QuestMobile研究院，2022年10月。

互联网市场收入结构较稳定，各领域向主营业务深耕细作

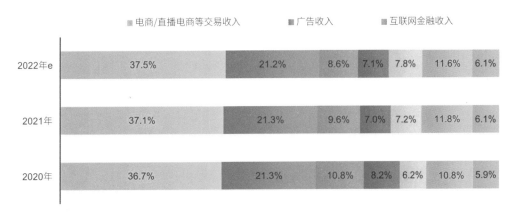

2020-2022年中国国内互联网市场收入结构分布

注：1.电商/直播电商交易收入主要包括交易佣金、入住/坑位费、货品价差收益、电商内引流收入等，未包含物流收入。2.广告收入主要包括媒介展示举广告、电商内展示类广告、搜索引擎广告等。3.互联网金融收入主要为互联网企业金融业务相关营收。4.会员/增值服务收入包括音频、视频、阅读、生活服务、社交平台、娱乐直播、体育会员等付费会员及其他收入形式。
Source：QuestMobile研究院，2022年10月；AD INSIGHT 广告洞察数据库，2022年9月。

本章内容

- 01.移动互联网商业化格局分析

- 02.数字营销发展分析

- 03.交易模式发展分析

- 04.会员及相关发展分析

- 05.云/大数据及其他增值服务发展分析

数字营销产业链内容多维度延展，新概念营销涌现 2019与2022年数字营销产业链与格局变化图

注: 2022年与2019年对比新增部分用蓝色标注。   Source: QuestMobile 研究院, 2022年10月。

本章内容

- **01.移动互联网商业化格局分析**

- **02. 数字营销发展分析**

  001. 互联网广告投放特征变化

- **03.交易模式发展分析**

- **04.会员及相关发展分析**

- **05.云/大数据及其他增值服务发展分析**

智能手机和4G网络的普及使移动端的营销价值快速提升，互联网广告投放重心从PC端转向移动端

移动端流量稳定增长，智能硬件扩展了营销场景，PC端营销价值持续减弱。

2013-2022年中国互联网广告市场规模分渠道占比

注：以上数据为基于QuestMobile AD INSIGHT 广告洞察数据库，参照公开财报等数据进行估算。广告形式为互联网媒介投放广告，不包括直播、软植、综艺节目冠名、赞助等广告形式。

Source：QuestMobile 研究院，2022年10月；AD INSIGHT 广告洞察数据库，2022年9月。

在媒介分布上整体以电商类广告为主，同时从新闻资讯向视频媒介迁移，从曝光向交互迁移

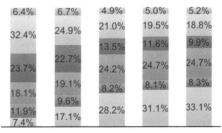

2022年中国互联网典型媒介类型广告市场份额分布　　2018-2022年非电商类广告的媒介类型分布

注：1.广告形式为互联网媒介投放广告，不包括直播、软植、综艺节目冠名、赞助等广告形式。2.互联网媒介渠道分类以QuestMobile TRUTH分类为基础，部分渠道依据广告形式进行了合并，具体为：（1）社交广告、综合视频、短视频广告包含APP与QuestMobile TRUTH一致。（2）资讯平台广告包括综合资讯行业、垂直资讯行业，如汽车、财经、体育等及浏览器平台。（3）电商类广告包含电商平台、生活服务平台行业。（4）搜索引擎广告包含搜索引擎平台信息流广告。3.参照公开财报数据，结合QuestMobile AD INSIGHT广告洞察数据库进行估算。

Source：QuestMobile 研究院，2022年10月；AD INSIGHT 广告洞察数据库，2022年9月。

本章内容

● **01.移动互联网商业化格局分析**

● 02. 数字营销发展分析

　002.数字营销多种方式融合，营销信息流与销售更加紧密结合

● **03.交易模式发展分析**

● **04.会员及相关发展分析**

● **05.云/大数据及其他增值服务发展分析**

数字营销以目标受众为出发点，广告投放继续向效果广告倾斜

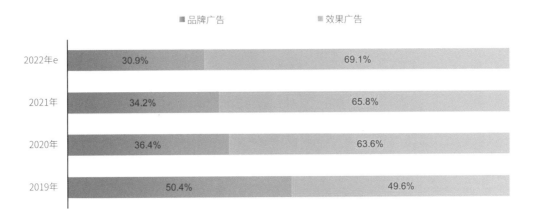

2019-2022年 中国互联网广告市场品牌广告与效果广告占比

注：效果广告为以CPC计费的广告，品牌广告为以CPM、CPT等计费的广告。
Source：QuestMobile 研究院，2022年10月；AD INSIGHT 广告洞察数据库，2022年9月。

发展至2022年，数字营销整体特征为注重整合营销效率，包括前链路的精准人群曝光与后链路的私域运营和转化

企业营销依然会兼顾中长期和短期目标，注重转化和品牌影响力的持续塑造。

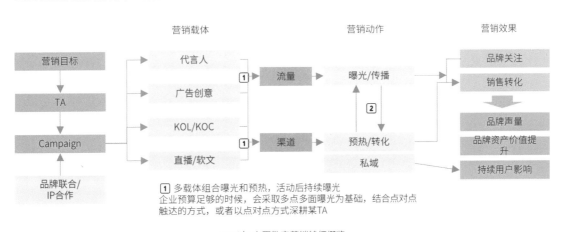

2022年 中国数字营销特征概览

Source：QuestMobile 研究院，2022年10月。

内容营销需要企业持续性投入，也需要科学运营，从前两年的积极尝试，进入2022年后转为理性运营

官方号作为企业内容营销结果的反馈，与销售渠道和售后服务更贴合，更适合作为企业自营渠道进行开发和维系。

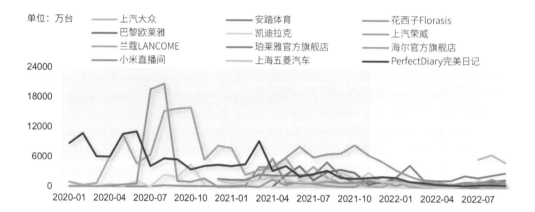

2020年1月–2022年9月 典型企业官方号月活跃用户数

注：月活跃用户数：在统计周期内，在指定KOL平台中浏览或关注过目标KOL发布内容的去重用户数。
Source：QuestMobile NEW MEDIA 新媒体数据库，2022年9月。

本章内容

- 01.移动互联网商业化格局分析

- 02. 数字营销发展分析

  003.品牌方数字营销需求变化

- 03.交易模式发展分析

- 04.会员及相关发展分析

- 05.云/大数据及其他增值服务发展分析

品牌对2023年市场整体持保守态度，营销投放以下降为主，低价高频的快消品保持以高营销投放获取市场份额

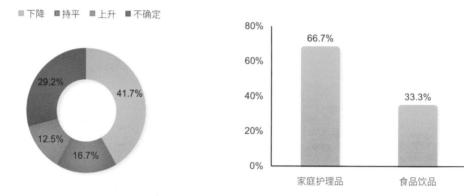

2023年 典型品牌预计投入营销费用变化类别分布

2023年 预计增加营销投放的典型品牌行业分布

注：1. 调研问题为：与2022年相比，2023年您所在企业营销费用的变化趋势是？N=24。2. 调研品牌覆盖传统行业包括食品饮品、美妆、IT电子、交通出行、家庭护理品、家用电器、金融保险，覆盖互联网行业包括网络购物、新闻资讯、生活服务等，典型品牌结合品牌影响力和2022年1-9月累计广告投放规模选取头部品牌。
Source：QuestMobile Echo快调研，2022年10月。

品牌更加重视营销效率的提升

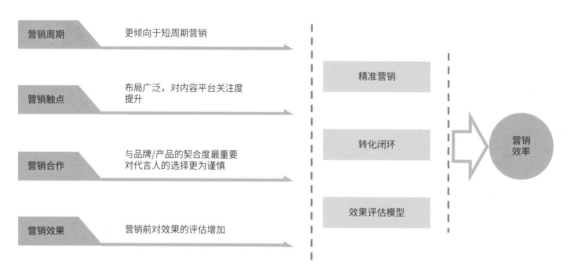

'2022年 典型企业主要营销需求变化

注：1. 调研问题为：与2021年相比，2022年您所在企业在营销方面的主要变化是什么？N=24。
Source：QuestMobile Echo快调研，2022年10月；研究院，2022年10月。

本章内容

- 01.移动互联网商业化格局分析

- 02. 数字营销发展分析

- 03.交易模式发展分析

- 04.会员及相关发展分析

- 05.云/大数据及其他增值服务发展分析

线上交易行为加深，电商作为渠道与品牌链接更加紧密，电商渠道广告收入保持增长

单位：亿元

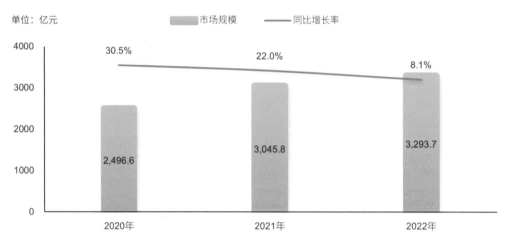

2020-2022年 电商类广告市场规模

注：1.电商类广告包括电商平台、生活服务平台。2.参照公开财报数据，结合QuestMobile AD INSIGHT广告洞察数据库进行估算，以上仅为广告收入，不包含佣金部分。

Source：QuestMobile研究院，2022年10月；AD INSIGHT 广告洞察数据库，2022年9月。

典型内容平台的不断渗透，为品牌拓展了不同内容形态的种草营销方式，新品牌和成熟品牌皆以此寻求营销突破口

单位：亿台

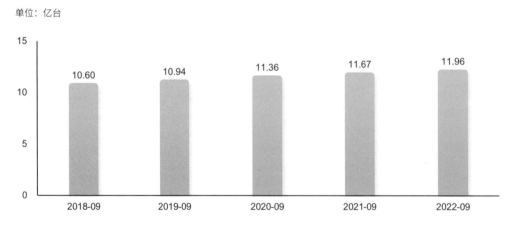

2018年9月至2022年9月 典型内容平台活跃用户规模

注：典型内容平台包括微信、微博、抖音、快手、哔哩哔哩、小红书。

Source：QuestMobile NEW MEDIA 新媒体数据库，2022年9月。

直播电商成为新的交易模式，越来越多的品牌通过直播电商出圈，或找到新的销售渠道

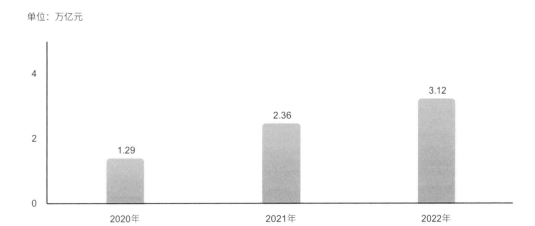

2020-2022年 直播电商市场规模

注：参照公开财报数据，及市场规模估算。
Source：QuestMobile研究院，2022年10月。

品牌方整体布局交易渠道，公域引流+私域运营，整合品牌交易触点

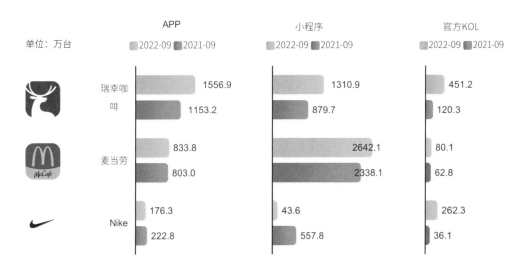

2022年9月 典型品牌的线上布局渠道月活跃用户规模

Source：QuestMobile TRUTH中国移动互联网数据库，2022年9月。

本章内容

- 01.移动互联网商业化格局分析

- 02.数字营销发展分析

- 03.交易模式发展分析

- 04.会员及相关发展分析

- 05.云/大数据及其他增值服务发展分析

会员数量保持增长，同时收入规模平稳增长

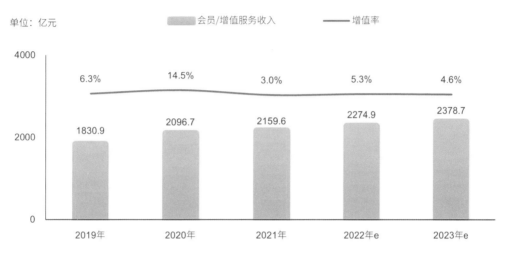

2019—2023年中国互联网会员及增值服务市场收入规模

注：1.参照互联网企业公开财报、工业和信息化部发布互联网相关数据，以QuestMobile相关模型估算得出。
Source：QuestMobile研究院，2022年10月。

付费会员及增值服务商业模式以现有服务为核心，进一步细分或向虚拟形式拓展

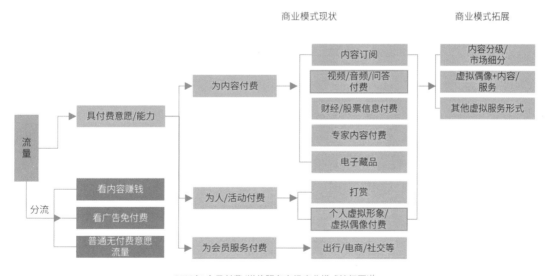

2022年 会员付费/增值服务市场商业模式特征图谱

Source：QuestMobile研究院，2022年10月。

本章内容

- 01.移动互联网商业化格局分析

- 02.数字营销发展分析

- 03.交易模式发展分析

- 04.会员及相关发展分析

- 05.云/大数据及其他增值服务发展分析

在产业互联网、智能制造、信息化及大数据服务升级等推动下，公有云和智能相关服务市场收入规模快速增长

2019—2023年 中国公有云和智能相关服务市场收入规模

注：1.参照互联网企业公开财报、工业和信息化部发布互联网相关数据，以QuestMobile相关模型估算得出。
Source：QuestMobile研究院，2022年10月。

洞察

过去10年重点市场发展领域

移动互联网发展"黄金十年",智能手机已成为人们日常生活中不可或缺的一部分,小屏改变大时代,移动互联网重构用户生活

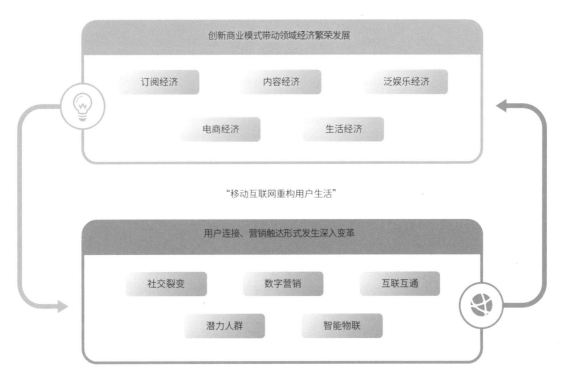

移动互联网"黄金十年" 热点市场领域盘点

Source: QuestMobile研究院,2022年10月。

第五篇章

订阅经济

领域定义：指订阅模式相关的经济行为；订阅模式指企业和
订阅者之间达成承诺，双方承诺在未来一段时间内，订阅者
定期付费以使用企业提供的订阅服务。

本篇核心观点

① 万物订阅模式化

随着互联网基础设施和法律保护更加完善、用户付费习惯逐渐养成，订阅经济展现了无限的可能性，订阅模式在数字内容、软件、电商、实体行业等多个领域逐渐渗透，不断进化发展。

② 行业竞争高效化

以数字内容为代表的订阅行业用户红利逐渐消失，市场进入存量博弈阶段，头部企业的竞争转向更高维度的效率竞争，企业"八仙过海，各显神通"，在内容制作、用户运营、盈利方式等方面推陈出新。

③ 订阅场景精细化

在综合性订阅平台之外，针对细分人群、细分圈层、细分场景的订阅平台逐渐增多，满足个性化的长尾需求；另外且新兴平台倾向删繁就简，回归用户体验，从而形成新的增长点。

④ 会员价值最大化

平台在为订阅会员提供基础服务之外，基于用户在平台内的行为，运用人工智能技术提供个性化服务，提升用户满意度；同时与其他业态相结合，如直播、电商、游戏等，挖掘用户更多元的消费潜能。

订阅经济兴起于报纸、杂志领域，经过20余年的发展，全面进入数字化时代，以音乐、音频、阅读为代表行业

17-18世纪 初始萌芽期--早期订阅	2002-2011年 培育成长期--线上化	2011年-2017年 蓬勃成长期--多元化	2017年至今 成熟发展期--智能化
起源于17-18世纪的英国，订阅出版开始出现，并在英文图书贸易中逐渐普及 17世纪末，英格兰学者开始提供订阅课程	在新闻出版行业最先流行；2002年，《金融时报》率先尝试线上内容付费订阅服务，开启传统报纸线上内容收费的先例 起点中文网在2003年首创【在线收费阅读】服务，几年之后，漫画领域也引入了付费阅读模式	2011年，微软推出office365，采取订阅方式；此外，Autodesk、Oracle、Adobe等全球知名软件公司也由传统的授权模式向订阅模式转型 2012年，进入飞速发展，订阅经济指数（SEI）远高于美国零售指数和标准普尔500销售指数	2017年后，随着音乐、音频、阅读等行业用户基础的形成，更多企业推出付费服务，用户付费习惯逐渐养成，并且基于用户使用行为进行个性化推荐 截至2019年3月，全球超2.8万家企业提供订阅产品或服务
早期没有统一定价，也没有特定付款形式，具有冒险、捐助、鼓励性质	订阅成为当时期刊、报纸等领域的主流模式 推动了新闻和信息服务行业发展	订阅模式在视频、音乐、游戏、新闻出版、购物、软件等多个行业中普及应用	用户付费习惯逐渐养成，知识付费兴起 企业与客户提供服务时建立直接的数字化关系，通过算法为客户提供个性化服务

订阅经济发展历程

Source：QuestMobile 研究院，2022年10月；根据公开资料整理。

本章内容

- 01.商业模式

- 02. 商业化发展及代表性行业

- 03.未来发展趋势

不同于一般商品交易，订阅模式下，用户获得的是对商品/服务的使用权而非所有权，客户并非一次性付费而是定期付费

 付费订阅为核心商业模式：企业和订阅者之间达成承诺，双方承诺在未来一段时间内，订阅者定期付费以使用企业提供的订阅产品/服务

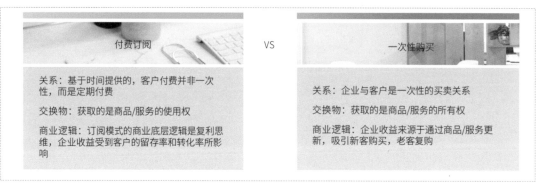

订阅经济的商业模式特征

Source：QuestMobile研究院，2022年10月；根据公开资料整理。

订阅经济带来的双向价值在企业和客户间形成了可持续性的正向循环

 对企业的价值

 对客户的价值

- **更稳定、更持续的客户关系**
  客户开始订阅之时，也是双方约定关系的开始，在双方对彼此都满意的情况下，服务就会持续下去。因此，订阅模式下，无论是商家还是客户都有意愿和动力长期位处这种约定关系

- **提升客户ARPU（每用户平均收入）**
  一旦订阅承诺达成后，便在一定程度上锁定了客户的消费；客户为了充分享受订阅后的福利，会尽可能提升消费/使用频次

- **提高客户留存与延长客户生命周期**
  订阅模式下企业关注点聚焦于服务提升，好的服务质量必将提升客户满意度，提升客户留存，延长用户生命周期

- **易于创造可预测的经常性收入**
  相比较传统交易模式的企业而言，订阅制企业更能够创造稳定可预测的经常性收入。同时也有利于提升企业的估值

- **更低的使用"门槛"，更低的前期投入成本**
  无须一次性支付大额费用，即可体验企业所提供的产品/服务

- **客户拥有了更多的选择**
  为了持续满足客户的需求和体验，企业不断对产品/服务进行更新升级

- **更少的"风险"**
  即使使用后不满意也可以立即退订，避免了浪费

- **更多个性化的服务**
  根据用户个体的产品使用行为数据，深度解析用户的个性化需求，从而提供个性化服务

订阅经济的价值

Source：QuestMobile研究院，2022年10月；根据公开资料整理。

发展至今，订阅经济大致可分为4种类型以及数十种细分订阅模式。其中，内容行业首先完成了数字化订阅，拥有最大体量的C端用户

数字内容订阅	云订阅	电商订阅	其他订阅
主要以下两种订阅模式 • 资料库模式：以"单一订阅入口，无限次使用"为特征 • 内容付费订阅模式：以"为优质内容付费"为特征	以按需付费为主要特征，同时按服务层级可分为三类： • 软件即服务（SaaS） • 平台即服务（PaaS） • 基础设施即服务（IaaS）	主要分为三大类模式： • 产品推荐模式：也有人称其为惊喜盒子，主要适用于一些价值较高的消费品，如服装、香水、美妆等 • 共享衣橱模式：主要针对那些追求潮流时尚、或者希望按季节或社交场合变化着装的用户 • 周期性消耗品模式：主要适用于要定期消耗的消费品，如剃须刀、内衣、宠物粮等。	权益包模式和网络模式： • 权益包模式：企业将内部或外部基本服务进行整合重构，并以权益组合的方式提供给用户使用的订阅模式 • 会员网络模式：企业通过创建一个订阅会员网络来向会员用户提供服务的订阅模式

资料库模式	奈飞、声田、百度文库	SaaS	Office365、Adobe Salesforce	产品推荐模式	Stitch Fix 时尚服饰盒子	权益包模式	亚马逊 Prime会员 88超级会 京东PLUS会员
内容付费订阅模式	腾讯视频、网易云音乐、掌阅、喜马拉雅	PaaS	Salesforce、Twilio	共享衣橱模式	Rent The Runway 托特衣箱	会员网络模式	WhatsApp 正和岛企业家社交平台
		IaaS	微软Azure、谷歌云、阿里云、腾讯云				

四种订阅经济类型及运营模式

Source：QuestMobile研究院，2022年10月；根据公开资料整理。

在线视频、在线音乐、在线阅读、网络音频构成了数字内容订阅的重要板块。四个行业均以内容为核心交付物，因此更易被"订阅化"

在线视频

由网络视频服务商提供的、以流媒体为播放格式的、可以在线直播或点播的声像文件

在线音乐

通过互联网、移动通信网等各种有线和无线方式传播
其主要特点是形成了数字化的音乐产品制作、传播和消费模式

在线阅读

阅读内容数字化：内容以数字化的方式呈现，如电子书、网络小说等
阅读方式数字化：阅读的载体不是纸张，而是带屏幕显示的电子仪器，如手机、阅读器、PC端电脑等

网络音频

通过网络传播和收听的所有音频媒介内容
目前国内网络音频主要包括音频节目（播客）、有声书（广播剧）、音频直播以及网络电台等实现形式

典型数字内容订阅行业

Source：QuestMobile研究院，2022年10月；根据公开资料整理。

我国订阅模式多始于免费策略吸引用户流量，再以更优质的服务吸引订阅会员，会员订阅付费、广告收入、内容/版权运营是其主要商业模式。此外行业玩家们也在逐步开拓和创新其他商业模式

 在线视频　　 在线音乐　　 在线阅读　　 网络音频

	在线视频	在线音乐	在线阅读	网络音频
主要模式	• 会员订阅付费 • 广告收入 • 内容发行	• 会员订阅付费 • 单曲及专辑购买 • 广告收入	• 会员订阅付费 • 版权运营	• 会员订阅付费 • 单点内容付费
其他模式	• 游戏发行 • 电商带货 • 直播 • ……	• 游戏联运模式 • 商城服务 • ……	• 广告收入 • 图书出版发行 • 阅读硬件销售 • ……	• 广告收入 • 直播 • ……

四大典型数字内容订阅行业 商业盈利模式

Source: QuestMobile研究院，2022年10月；根据公开资料整理。

本章内容

● **01.商业模式**

● 02. 商业化发展及代表性行业

● **03.未来发展趋势**

数字内容版权保护条例的不断完善，消费者版权意识的逐渐增强，都在极大程度上推动了数字内容订阅行业的稳步发展，为市场注入了更多的机遇和活力

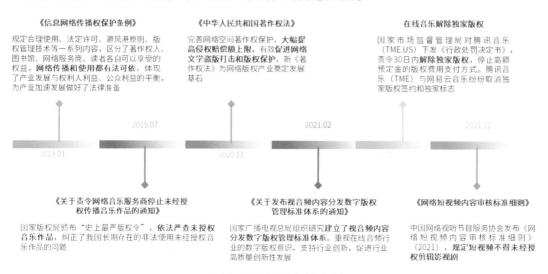

数字内容版权保护重点政策和措施

Source：QuestMobile研究院，2022年10月；根据公开资料整理。

四个典型数字内容行业的活跃用户规模在过去一年趋向稳定，未出现明显浮动，其中以在线视频和在线音乐规模最高，峰值均出现在2022年1月，分别在9.19亿台和6.80亿台。

2021-2022年 典型数字内容订阅行业活跃用户规模变化趋势

Source：QuestMobile TRUTH 中国移动互联网数据库，2022年9月。

结合用户渗透率来看，在线视频行业超过70%，其次是在线音乐，两大行业进入存量博弈阶段

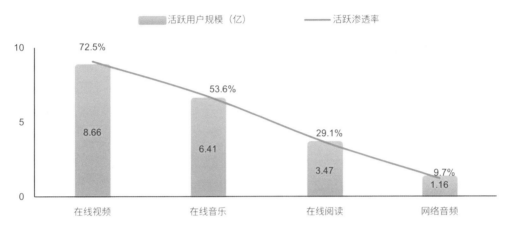

2022年9月 典型数字内容订阅行业月活跃用户规模与活跃用户渗透率

注： 活跃用户渗透率，指定周期内，指定行业的月活跃用户数/全网的月活跃用户数。
Source： QuestMobile TRUTH中国移动互联网数据库，2022年9月。

QuestMobile数据显示，目前4个行业的用户基本每天都有使用相关APP的习惯，尤其是在线阅读行业，其用户每月打开次数超160次，每月阅读时长13.2小时

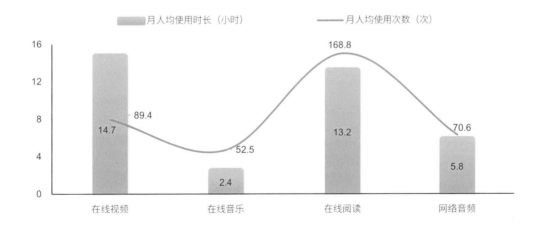

2022年9月 典型数字内容订阅行业月人均使用次数与人均使用时长

注： 使用时长是指该APP程序界面处于前台激活状态的时间，APP在后台运行的时间，不计入有效使用时间。
Source： QuestMobile TRUTH 中国移动互联网数据库，2022年9月。

随着用户使用习惯的养成，其付费意愿也在逐年提升。以在线音乐行业为例，2022年Q2付费
用户规模较2021年同期提升24.9%

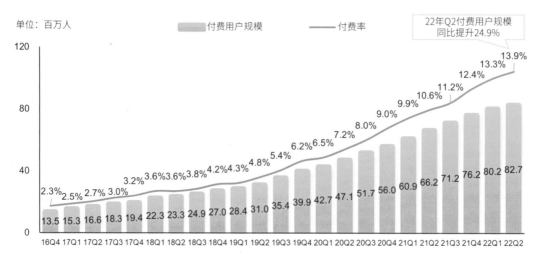

2016-2022年 在线音乐付费用户数与付费率

注：1.付费率=付费用户规模/总用户规模。2.在线音乐付费用户规模与付费率以腾讯音乐数据代表，由于腾讯音乐覆盖大部分的
　　在线音乐用户，所以其数据具有较大的代表性。
Source：QuestMobile研究院，2022年10月；企业公告，2022年11月。

在线视频、在线音乐这类娱乐休闲的行业在年轻人群中渗透率更高，在线阅读与网络音频行
业在年轻人间的渗透仍有较大提升空间

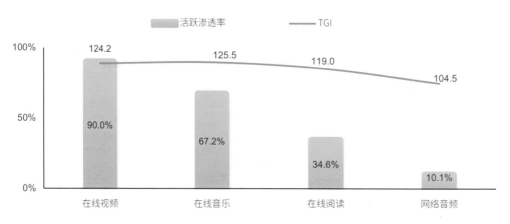

2022年9月 典型数字内容订阅行业30岁以下人群的用户渗透率

注：1.活跃渗透率，指某目标人群启动某个应用分类的月活跃用户数/该目标人群的月活跃用户数。2.TGI，指某目标人群启动某
　　个应用分类的月活跃渗透率/全网该应用分类的月活跃渗透率×100。
Source：QuestMobile TRUTH中国移动互联网数据库，2022年9月。

本章内容

- 01.商业模式

- 02. 商业化发展及代表性行业

  001. 在线视频行业

- 03.未来发展趋势

40岁以下人群构成在线视频主要用户群体，且一二线城市人群特征更为明显

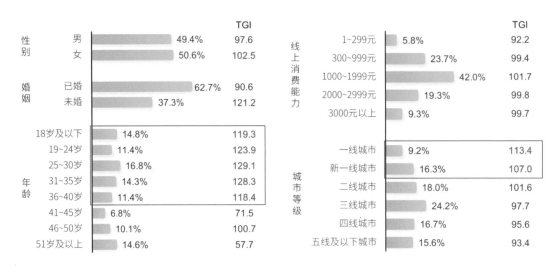

2022年9月 在线视频行业活跃用户画像

注：TGI = 指定人群某个标签属性的月活跃占比 / 全网具有该标签属性的月活跃占比×100。
Source：QuestMobile GROWTH 用户画像标签数据库，2022年9月。

爱腾芒优头部地位依然稳固；侧重年轻用户运营的芒果TV与哔哩哔哩，其活跃用户规模同比上升明显

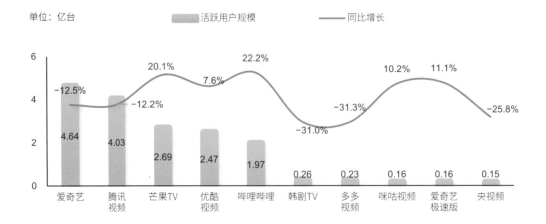

2022年9月 在线视频行业活跃用户规模 TOP10 APP

Source：QuestMobile TRUTH 中国移动互联网数据库，2022年9月。

但头部APP也面临用户重合度较高的问题，尤其是爱奇艺与腾讯视频，重合度达32%；"自制剧""独播剧""运营创新"是行业头部玩家的重要策略，最终形成差异化竞争

	重合用户占前者的比例	重合用户占后者的比例	重合用户占两者的比例
爱奇艺 VS 腾讯视频	44.7%	54.1%	31.9%
爱奇艺 VS 芒果TV	33.4%	61.8%	27.7%
爱奇艺 VS 优酷视频	31.%	59.4%	26.0%
腾讯视频 VS 芒果TV	36.7%	55.0%	28.2%
腾讯视频 VS 优酷视频	36.7%	59.7%	29.4%
芒果TV VS 优酷视频	41.7%	45.3%	27.8%

2022年9月 在线视频行业头部APP用户重合情况

注：整体重合率，指定周期内，该APP的重合用户数与所有参与对比的APP去重活跃用户数的比值。以A与B的重合为例，A和B的整体重合率=A与B的重合用户数/A与B的合计去重用户数，即A∩B/A∪B。
Source：QuestMobile TRUTH 中国移动互联网数据库，2022年9月。

从头部APP用户付费情况来看，其付费用户月人均使用时长是整体用户的2~3倍

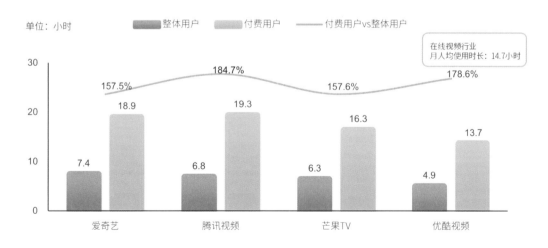

2022年9月 在线视频行业头部APP付费用户 VS 整体用户人均使用时长

注：1.付费用户，指定周期内，使用指定APP期间调起支付页面的活跃用户。2.付费用户vs整体用户=（付费用户人均使用时长/整体用户人均使用时长）-1。
Source：QuestMobile TRUTH 中国移动互联网数据库，2022年9月。

爱奇艺与腾讯的付费用户中，40岁以下群体、一二线城市女性群体特征明显

2022年9月 在线视频行业头部APP付费用户画像（一）

注： 1.TGI＝指定人群某个标签属性的月活跃占比／全网具有该标签属性的月活跃占比×100。2.付费用户，指定周期内，使用指
定APP期间调起支付页面的活跃用户。
Source: QuestMobile GROWTH 用户画像标签数据库，2022年9月。

相比之下，芒果TV付费用户中"90后"与"00后"更为活跃，与其平台运营基调一致

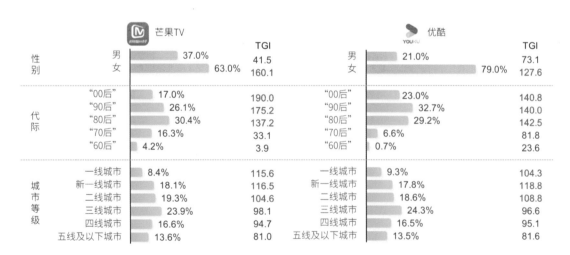

2022年9月 在线视频行业头部APP付费用户画像（二）

注： 1.TGI＝指定人群某个标签属性的月活跃占比／全网具有该标签属性的月活跃占比×100。2.付费用户，指定周期内，使用指
定APP期间调起支付页面的活跃用户。
Source: QuestMobile GROWTH 用户画像标签数据库，2022年9月。

本章内容

● 01.商业模式

● 02. 商业化发展及代表性行业

　　002. 在线音乐行业

● 03.未来发展趋势

与在线视频行业相似，在线音乐行业以一二线城市、40岁以下的群体为主

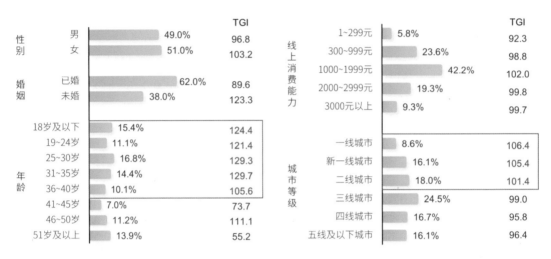

2022年9月 在线音乐行业活跃用户画像

注：TGI=指定人群某个标签属性的月活跃占比/全网具有该标签属性的月活跃占比×100。
Source：QuestMobile GROWTH用户画像标签数据库，2022年9月。

以腾讯音乐和网易云音乐为首的"一超一强"格局稳固。独家版权的取消意味着市场的重塑，玩家们也从用户规模化拓展转向精细化运营，如面向年轻群体的汽水音乐、波点音乐等

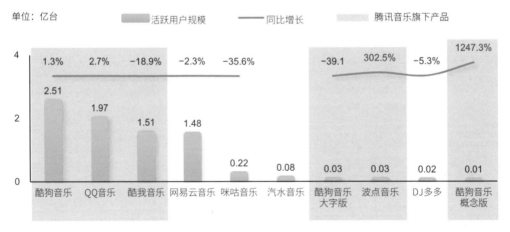

2022年9月 在线音乐行业活跃用户规模TOP10 APP

注：2022年2月，字节旗下汽水音乐软件完成登记，2022年6月15日，抖音旗下的音乐平台"汽水音乐"在各大手机应用市场上架，开始面向全体用户运营，因此2022年9月"汽水音乐"无同比增长率。
Source：QuestMobile TRUTH中国移动互联网数据库，2022年9月。

酷狗音乐、QQ音乐、酷我音乐虽在2016年合并为腾讯音乐，但三个应用均有各自覆盖的用户群体，呈良好的错位发展态势

腾讯音乐旗下三款在线音乐APP整体重合率

整体重合率　**0.6%**

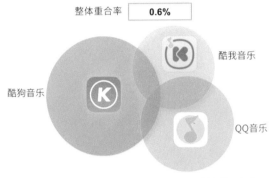

酷我音乐

酷狗音乐

QQ音乐

2016年7月，QQ音乐、酷狗音乐、酷我音乐合并为腾讯音乐，合并后三个平台的产品和品牌保持独立

腾讯音乐旗下三款在线音乐APP两两重合率

	重合用户占前者的比例	重合用户占后者的比例	整体重合率
酷狗音乐 VS QQ音乐	6.7%	8.6%	3.9%
酷狗音乐 VS 酷我音乐	11.6%	19.2%	7.8%
酷我音乐 VS QQ音乐	17.7%	13.8%	8.4%

2022年9月 在线音乐行业头部APP用户重合情况

注：整体重合率，指定周期内，该APP的重合用户数与所有参与对比的APP去重活跃用户数的比值。以A与B的重合为例，A和B的整体重合率=A与B的重合用户数/A与B的合计去重用户数，即A∩B/A∪B。
Source：QuestMobile TRUTH 中国移动互联网数据库，2022年9月。

其中QQ音乐与网易云音乐用户重合度最高，两款产品均有不同程度的社交属性

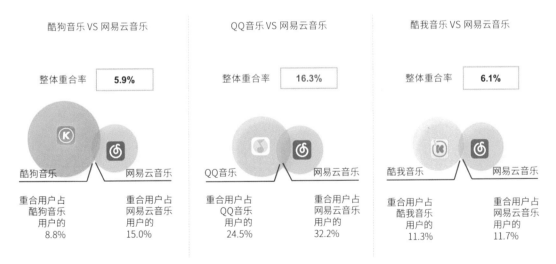

酷狗音乐 VS 网易云音乐

整体重合率　**5.9%**

酷狗音乐　网易云音乐

重合用户占酷狗音乐用户的8.8%　重合用户占网易云音乐用户的15.0%

QQ音乐 VS 网易云音乐

整体重合率　**16.3%**

QQ音乐　网易云音乐

重合用户占QQ音乐用户的24.5%　重合用户占网易云音乐用户的32.2%

酷我音乐 VS 网易云音乐

整体重合率　**6.1%**

酷我音乐　网易云音乐

重合用户占酷我音乐用户的11.3%　重合用户占网易云音乐用户的11.7%

2022年9月 腾讯音乐旗下三款在线音乐APP与网易云音乐重合率

注：整体重合率，指定周期内，该APP的重合用户数与所有参与对比的APP去重活跃用户数的比值。以A与B的重合为例，A和B的整体重合率=A与B的重合用户数/A与B的合计去重用户数，即A∩B/A∪B。
Source：QuestMobile TRUTH 中国移动互联网数据库，2022年9月。

从用户使用时长来看，腾讯旗下3款APP表现较为接近，且付费用户是整体用户使用时长的2倍

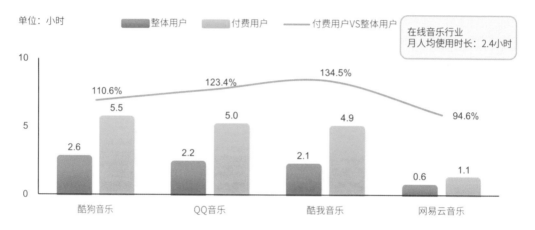

2022年9月 在线音乐行业头部APP付费用户VS整体用户人均使用时长

注：1.付费用户，指定周期内，使用指定APP期间调起支付页面的活跃用户。2.付费用户vs整体用户=（付费用户人均使用时长/整体用户人均使用时长)-1。3.使用时长是指该APP程序界面处于前台激活状态的时间，APP在后台运行的时间，不计入有效使用时间。
Source：QuestMobile TRUTH中国移动互联网数据库，2022年9月。

不同于在线视频，在线音乐行业中男性群体表现出更强的付费意愿；酷狗付费用户横跨不同年龄段；酷我音乐的付费用户集中在"70后"至"90后"

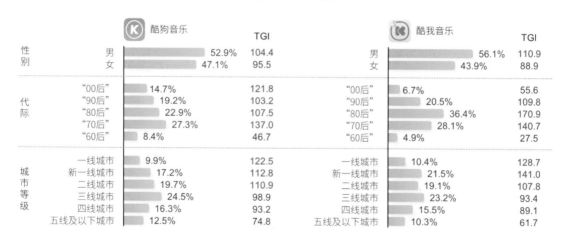

2022年9月 在线音乐行业头部APP付费用户画像（一）

注：1.TGI＝指定人群某个标签属性的月活跃占比/全网具有该标签属性的月活跃占比×100。2.付费用户，指定周期内，使用指定APP期间调起支付页面的活跃用户。
Source：QuestMobile GROWTH用户画像标签数据库，2022年9月。

社交属性浓厚的QQ音乐与网易云音乐，其付费用户表现出明显的年轻化特征

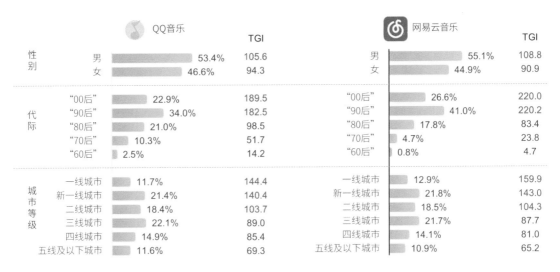

	QQ音乐	TGI	网易云音乐	TGI
性别	男 53.4%	105.6	男 55.1%	108.8
	女 46.6%	94.3	女 44.9%	90.9
代际	"00后" 22.9%	189.5	"00后" 26.6%	220.0
	"90后" 34.0%	182.5	"90后" 41.0%	220.2
	"80后" 21.0%	98.5	"80后" 17.8%	83.4
	"70后" 10.3%	51.7	"70后" 4.7%	23.8
	"60后" 2.5%	14.2	"60后" 0.8%	4.7
城市等级	一线城市 11.7%	144.4	一线城市 12.9%	159.9
	新一线城市 21.4%	140.4	新一线城市 21.8%	143.0
	二线城市 18.4%	103.7	二线城市 18.5%	104.3
	三线城市 22.1%	89.0	三线城市 21.7%	87.7
	四线城市 14.9%	85.4	四线城市 14.1%	81.0
	五线及以下城市 11.6%	69.3	五线及以下城市 10.9%	65.2

2022年9月 在线音乐行业头部APP付费用户画像（二）

注： 1.TGI＝指定人群某个标签属性的月活跃占比／全网具有该标签属性的月活跃占比×100。2.付费用户，指定周期内，使用指
定APP期间调起支付页面的活跃用户。
Source：QuestMobile GROWTH 用户画像标签数据库，2022年9月。

本章内容

- 01.商业模式

- 02. 商业化发展及代表性行业

  003. 在线阅读行业

- 03.未来发展趋势

不同于在线视频和在线音乐，在线阅读行业整体人群更年轻，以35岁以下群体为主。此外，
与用户的教育背景有关，一线城市、新一线城市用户表现得更为活跃

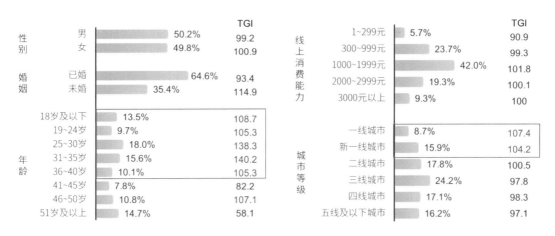

2022年9月 在线阅读行业活跃用户画像

注：TGI = 指定人群某个标签属性的月活跃占比 / 全网具有该标签属性的月活跃占比 × 100。
Source：QuestMobile GROWTH 用户画像标签数据库，2022年9月。

免费阅读自2018年起进入飞速发展阶段，至今已扩容至上亿规模；后起之秀的番茄免费小说，
已迅速跃居行业前列；同样定位"免费阅读类小说"的七读、阅友，也呈现出爆发式增长态
势

2022年9月 在线阅读行业活跃用户规模 TOP10 APP

Source：QuestMobile TRUTH 中国移动互联网数据库，2022年9月。

除番茄和七猫之外，其他几个头部APP均有各自侧重的用户群体，重合度不高

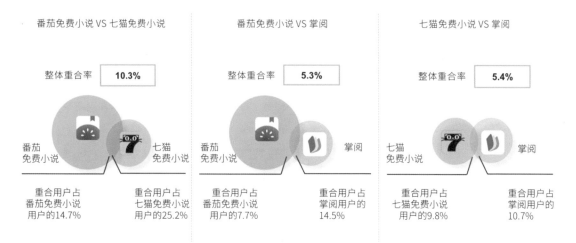

2022年9月 在线阅读行业头部APP用户重合情况

注：整体重合率，指定周期内，该APP的重合用户数与所有参与对比的APP去重活跃用户数的比值。以A与B的重合为例，A和B的
整体重合率=A与B的重合用户数/A与B的合计去重用户数，即A∩B/A∪B。
Source: QuestMobile TRUTH 中国移动互联网数据库，2022年9月。

**免费模式下，用户更习惯于连续性阅读，故黏性更高；作为以付费订阅为主的掌阅，其付费
用户使用时长超出整体的6倍，在付费订阅模式下，用户的阅读更有针对性**

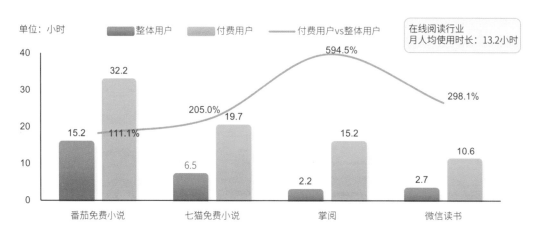

2022年9月 在线阅读行业头部APP付费用户 VS 整体用户人均使用时长

注：1.付费用户，指定周期内，使用指定APP期间调起支付页面的活跃用户。2.付费用户vs整体用户=（付费用户人均使用时长/
整体用户人均使用时长）-1。
Source: QuestMobile TRUTH 中国移动互联网数据库，2022年9月。

"80后""90后"构成付费用户的主要群体；虽同属免费网文，番茄和七猫风格不同，故其用户群体也呈差异化，番茄读者更年轻，七猫读者以"70后""80后"占比居多

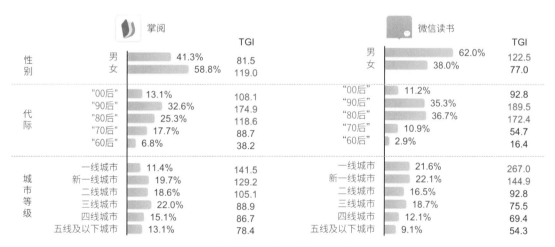

		番茄免费小说	TGI		七猫免费小说	TGI
性别	男	54.2%	107.1	男	50.5%	99.7
	女	45.8%	92.8	女	49.5%	100.3
代际	"00后"	13.3%	110.1	"00后"	9.0%	74.5
	"90后"	24.8%	133.2	"90后"	18.4%	98.8
	"80后"	24.6%	115.6	"80后"	28.6%	134.3
	"70后"	20.3%	101.9	"70后"	25.4%	127.5
	"60后"	8.8%	49.1	"60后"	11.4%	63.5
城市等级	一线城市	8.4%	103.7	一线城市	7.1%	88.1
	新一线城市	17.9%	117.1	新一线城市	16.5%	108.5
	二线城市	19.7%	111.3	二线城市	18.6%	104.7
	三线城市	24.2%	97.6	三线城市	24.2%	97.8
	四线城市	16.8%	96.1	四线城市	18.2%	104.6
	五线及以下城市	13.1%	78.2	五线及以下城市	15.3%	91.5

2022年9月 在线阅读行业头部APP付费用户画像（一）

注：1.TGI＝指定人群某个标签属性的月活跃占比/全网具有该标签属性的月活跃占比×100。2.付费用户，指定周期内，使用指定APP期间调起支付页面的活跃用户。
Source：QuestMobile GROWTH 用户画像标签数据库，2022年9月。

定位品质阅读的掌阅，其付费用户中女性群体特征明显；微信读书付费用户更为聚焦，男性占比超60%，"80后"与"90后"占比突出，一线城市用户更为活跃

		掌阅	TGI		微信读书	TGI
性别	男	41.3%	81.5	男	62.0%	122.5
	女	58.8%	119.0	女	38.0%	77.0
代际	"00后"	13.1%	108.1	"00后"	11.2%	92.8
	"90后"	32.6%	174.9	"90后"	35.3%	189.5
	"80后"	25.3%	118.6	"80后"	36.7%	172.4
	"70后"	17.7%	88.7	"70后"	10.9%	54.7
	"60后"	6.8%	38.2	"60后"	2.9%	16.4
城市等级	一线城市	11.4%	141.5	一线城市	21.6%	267.0
	新一线城市	19.7%	129.2	新一线城市	22.1%	144.9
	二线城市	18.6%	105.1	二线城市	16.5%	92.8
	三线城市	22.0%	88.9	三线城市	18.7%	75.5
	四线城市	15.1%	86.7	四线城市	12.1%	69.4
	五线及以下城市	13.1%	78.4	五线及以下城市	9.1%	54.3

2022年9月 在线阅读头部APP付费用户画像（二）

注：1.TGI＝指定人群某个标签属性的月活跃占比/全网具有该标签属性的月活跃占比×100。2.付费用户，指定周期内，使用指定APP期间调起支付页面的活跃用户。
Source：QuestMobile GROWTH 用户画像标签数据库，2022年9月。

本章内容

网络音频用户集中在25~50岁年龄段群体，一、二线城市用户活跃度更高

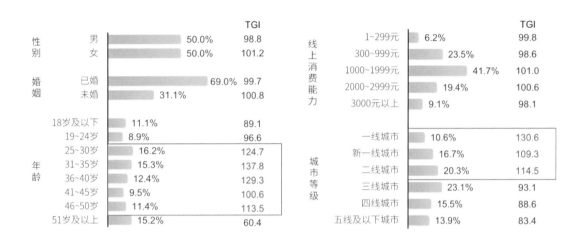

2022年9月 网络音频行业活跃用户画像

注： TGI = 指定人群某个标签属性的月活跃占比 / 全网具有该标签属性的月活跃占比×100。
Source： QuestMobile GROWTH用户画像标签数据库，2022年9月。

拥有近亿活跃用户规模的喜马拉雅稳坐音频赛道头把交椅；云听APP作为有声读物的"国家队"选手，手握中央广播电视总台节目资源和丰富的网络小说有声书，用户规模增长亮眼

2022年9月 网络音频行业活跃用户规模TOP10 APP

Source： QuestMobile TRUTH 中国移动互联网数据库，2022年9月。

4个订阅行业中，以网络音频行业几个头部APP间整体用户重合度最低；但值得注意的是，蜻蜓FM、猫耳FM有20%～30%的用户被喜马拉雅覆盖，竞争激烈

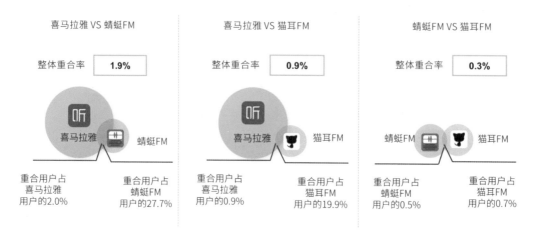

2022年9月 网络音频行业头部APP用户重合情况

注：整体重合率，指定周期内，该APP的重合用户数与所有参与对比的APP去重活跃用户数的比值。以A与B的重合为例，A和B的整体重合率=A与B的重合用户数/A与B的合计去重用户数，即 A∩B/A∪B。
Source：QuestMobile TRUTH 中国移动互联网数据库，2022年9月。

喜马拉雅与猫耳FM付费用户的使用黏性远高于网络音频行业整体用户

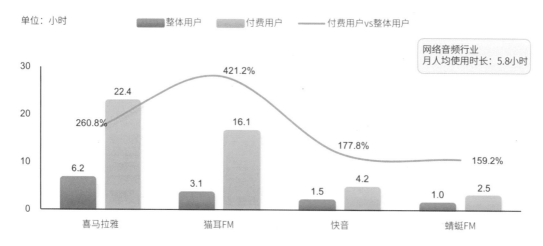

2022年9月 网络音频头部APP付费用户 VS 整体用户人均使用时长

注：1.付费用户，指定周期内，使用指定APP期间调起支付页面的活跃用户。2.付费用户vs整体用户=（付费用户人均使用时长/整体用户人均使用时长）-1。3.使用时长是指该APP程序界面处于前台激活状态的时间，APP在后台运行的时间，不计入有效使用时间。
Source：QuestMobile TRUTH 中国移动互联网数据库，2022年9月。

网络音频行业头部APP错位竞争，付费用户差异化显著；喜马拉雅付费用户中男性占比显著更高；蜻蜓FM受"70后"与"80后"用户青睐

2022年9月 网络音频头部APP付费用户画像（一）

注：1.TGI＝指定人群某个标签属性的月活跃占比／全网具有该标签属性的月活跃占比×100。2.付费用户，指定周期内，使用指定APP期间调起支付页面的活跃用户。
Source：QuestMobile GROWTH用户画像标签数据库，2022年9月。

猫耳FM主要付费用户为"90后"女性；快音作为经典曲库集结地，汇聚怀旧老歌，吸引"60后""70后"中老年人群付费

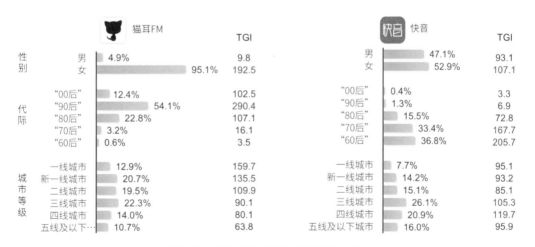

2022年9月 在线阅读头部APP付费用户画像（二）

注：1.TGI＝指定人群某个标签属性的月活跃占比／全网具有该标签属性的月活跃占比×100。2.付费用户，指定周期内，使用指定APP期间调起支付页面的活跃用户。
Source：QuestMobile GROWTH用户画像标签数据库，2022年9月。

本章内容

- 01.商业模式

- 02. 商业化发展及代表性行业

- 03.未来发展趋势

趋势一：大众化订阅平台兴起的同时，众多针对特定人群的垂直细分订阅平台涌现

在线视频
体育赛事：咪咕视频、央视体育 新闻、电视节目：央视影音、央视新闻 动漫新番：哔哩哔哩 韩剧：韩剧TV 下沉市场：爱奇艺极速版

在线音乐
年轻人群：汽水音乐、波点音乐、酷狗音乐概念版 中老年人群：酷狗音乐大字版 DJ嗨曲：DJ多多

在线阅读
追书人群：追书大师免费版、追书神器免费版 线上图书馆：移动图书馆、国家数字图书馆 书籍精华解读：樊登读书

网络音频
年轻人群：猫耳FM、荔枝、小宇宙 下沉市场：喜马拉雅极速版 儿童：喜马拉雅儿童

- 综合型平台提供的内容相对宽泛、浅薄，无法满足用户深层次需求，垂直平台相比综合型平台提供更多更好的内容
- 垂直平台面向细分人群，针对这些人群提供贴心的个性化服务，让用户获得更好的体验，从而留住用户

订阅行业垂直细分平台案例

Source：QuestMobile研究院，2022年10月。

趋势二：从人口红利到会员消费，挖掘用户价值新潜能

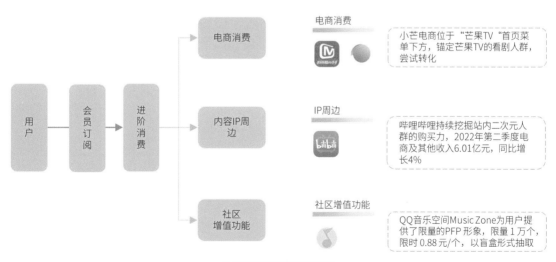

从会员订阅向进阶消费转变

Source：QuestMobile研究院，2022年10月；企业公告，2022年11月。

趋势三：用户红利消退的背景下，未来竞争主要集中在内容ROI的提升，如何打造优质且低成本的内容成为重要课题

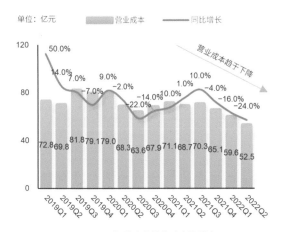

单位：亿元　　▨ 营业成本　　—— 同比增长

营业成本趋于下降

发力自制内容
- 腾讯、爱奇艺、芒果、优酷等长视频平台发力自制内容

内容生产体系连接上下游
- 对外，腾讯在上游制作领域参股华谊耀客、新丽、柠萌等影视公司、哔哩哔哩、新丽等娱乐经济公司
- 对内，企鹅影视承接腾讯视频定制剧、自主开发项目，阅文旗下三驾马车新丽传媒、腾讯影业和阅文影业实现IP从原创文学到影视化的变现链条

建立长效IP开发体系，推动影视工业化制作
- 2021年爱奇艺制定"长剧系列化"和短剧精品化策略，如"华夏古城传奇"长剧系列，包括《风起洛阳》《风起陇西》《敦煌》《两京十五日》
- 《风起洛阳》的IP系统开发计划包括动漫、漫画、剧集、综艺、电影、游戏、纪录片、舞台剧等多种形态

201-2022年爱奇艺营业成本及同比　　　　　企业降低内容成本动作

Source：QuestMobile研究院，2022年10月；企业公告，2022年11月。

趋势四：国内市场趋于饱和，订阅企业走出国门，开启国际化之路

	在线视频	在线音乐	网络音频	在线阅读
平台出海	2017年5月 • 抖音海外版TikTok上线 2018年3月 • 芒果TV国际版上线 2019年6月 • 腾讯视频海外版 WeTV上线 • 爱奇艺国际版 iQIYI APP上线	2015年 • 有"QQ音乐国际版"之称的JOOX上线 2017年 • 全民K歌海外版WeSing在2017年2月上线 • 2017年、网易投资音乐流媒体平台Boomplay 2020年 • 字节跳动面向海外市场推出社交音乐应用resso	2017年9月 • 喜马拉雅发布应用"Himalaya"，正式登陆日本市场 2021年5月和12月 • 网易接连面向东南亚市场，推出语音社交APP《KAYA Live》（《Look 直播》海外版）两款音频社交产品	2021年1月 • 字节跳动旗下网文出海产品Fizzo上线 2021年4月 • 哔哩哔哩漫画海外版BilibiliComics上线 2021年4月 • 小米旗下面向海外的网文产品Wonderfic上线
内容出海	2022年 • 《苍兰诀》8月同步登陆爱奇艺国际版，开播后不久就被韩国电视台买入播出权，此后陆续登上马来西亚、新加坡等多国热搜 • 《星汉灿烂》上线腾讯视频海外版后，占据泰国平台热剧榜第一位置	2021年11月 • 腾讯音乐娱乐集团与Apple Music宣布达成音乐授权协定，将通过"TME音乐云"进行授权音乐作品的全球发行 2022年4月 • 腾讯音乐娱乐集团旗下音乐人开放平台推出一键发行至海外功能	2017年9月 • 喜马拉雅发布应用"Himalaya"，正式登陆日本市场 2021年5月和12月 • 网易接连面向东南亚市场，推出语音社交APP《KAYA Live》（《Look 直播》海外版）两款音频社交产品	2021年 • Bilibili Comics 旗下影响力最大的IP之一《天官赐福》其动画版已接连登陆 Netflix 等海外平台。 2022年2月 • 阅文集团在新加坡启动"2022全球作家孵化项目"，并揭晓其国际化网文阅读平台征文大赛奖项

订阅行业出海案例

Source：QuestMobile研究院，2022年10月。

趋势五：基于AI的数据分析在订阅经济中发挥越发重要的作用

挖掘潜在订阅用户

- 越来越多企业利用人工智能技术来识别潜在的目标用户。通过分析历史销售数据，人工智能技术可以识别以往未监测到的购买模式，以确定哪些潜在客户最有可能进行订阅

降低客户流失率

- 对于订阅业务，降低客户流失率尤为重要，很多订阅企业将客户留存率作为关键业务指标。使用人工智能技术，企业可以通过评估风险倾向来预测客户流失

制作爆款原创内容

- 如在线视频行业通过人工智能分析海量的用户观看习惯，通过算法梳理出观众认可的剧本、演员和导演，将三者结合打包，推出高质量的原创内容

人工智能对订阅企业发展业务的帮助

Source：QuestMobile研究院，2022年10月。

第六篇章

内容经济

领域定义：指信息内容系统，信息内容通过有效的组织，被广泛使用以实现教育受众的目标，由此让内容信息产生价值，带来了整个经济环境和经济活动的根本变化。

本篇核心观点

① 创新内容商业模式，深度挖掘内容价值

内容商业模式越发注重内容本身价值，大浪淘沙下优质内容凸显、平台和内容生产者更关注内容付费、IP运营商业变现模式，对于部分行业，优质IP的引入和孵化成为玩家决胜的关键。

② 争夺用户有限时间，平台跨界抱团竞争

内容经济本质是注意力经济，提升用户体验，争夺用户时间成为内容平台"致胜之道"。内容平台竞争激烈，适用用户时间碎片化的消费习惯与满足用户知识经验需求的双重诉求下，在线视频与短视频由竞向合，取长补短，短视频平台争相跨界本地生活，互利共赢。

③ 内容生态越发丰富，内容生产者深垂化

用户个性化需求越发凸显，内容生产者在满足人们娱乐、信息资讯需求之外，迎合人们对于专业知识和深度垂类内容的渴望，拥有某一领域专业技能的KOL越发得到人们的追捧。

④ 品牌下场新媒体运营，打造私域流量池

为降低营销成本，挖掘用户的长期价值，品牌也加入KOL大军，加强布局新媒体矩阵的同时，收回直播权，直接面向用户，打造品牌私域流量池。

从早期的内容单向输出，发展至今，用内容为品牌、产品赋能成为主流高效的营销手段；内容经济的兴起同时也带动了内容的上下游两端企业争相涌入

2000年	2010年	2016年
初始萌芽期 ● 单向传输	培育成长期 ● 内容互动化	快速成长期 ● 内容生态化

• 2000年至2010年，家用计算机和互联网迅速渗透至大众日常生活，中国网民每年增长率在20%以上 • 最初的万维网为信息共享和交换而设计，大多数网站为静态HTML页面形态，由Web管理员托管和维护，数据则统一托管在集中式服务器上	• 2010年以后，中国智能手机开始普及，越来越多的上网用户从PC端转移至手机 • 具有社交属性的媒体蓬勃发展，如2009年8月微博成立、2011年豆瓣网转移至移动端、2011年1月知乎成立、2012年4月微信推出朋友圈、2012年8月微信公众平台上线、2013年快手从工具转型为短视频社区、2014年3月小红书上线	• 2016成为知识付费元年，内容经济兴起：知乎值乎、知乎Live、分答等上线，得到《李翔商业内参》上线，papi酱成为2016年第一网红，获得千万元融资 • 直播和内容营销兴起：2016年抖音上线，短视频和KOL营销、电商平台合作加深；2016年4月，淘宝正式推出了直播带货功能；2021年李佳琦直播间"双11"预售首日GMV达215亿元
• 内容供给以大众为主，辅以时政、经济、社会等较宽泛的二级分类标签 • 推送的内容系统、清晰、可信度高，但无法满足用户多元、个性化的内容诉求，用户也无法参与到内容的生产和传播中	• 内容生产和传播的"门槛"降低，用户不只是单纯的消费者，也可以成为内容的生产者与传播者 • 社交自媒体成为人们获取内容的重要来源，内容供给呈现出低效化、碎片化和主观化的特征	• 流量的精细化运营成为主旋律，由流量为王转为内容为王 • 内容平台借助大数据和人工智能技术，深度挖掘用户的内容偏好和需求痛点，进而通过智能系统实现内容供需两端的高效精准匹配

 IE浏览器　谷歌浏览器
sina 新浪新闻　網易 NetEase 网易新闻
YAHOO! 雅虎　搜狐 SoHU.com 搜狐新闻

 新浪微博　小红书
知乎　豆瓣
微信朋友圈　微信公众号

 今日头条　百家号　抖音
腾讯视频　喜马拉雅　网易云音乐
快手　掌阅

内容经济发展历程

Source：QuestMobile研究院，2022年10月；根据公开资料整理。

本章内容

- 01.商业模式

- 02. 商业化发展及代表性行业

- 03.未来发展趋势

内容经济产业链包括内容创作、内容分发与内容消费三个主要环节，各环节又涉及多个行业，共同构建起庞大的产业链

内容经济产业链

Source: QuestMobile研究院，2022年10月；根据公开资料整理。

平台方提供设施及技术支持，赋能内容创作及传播；生产者以生产优质内容为核心制作满足用户多元需求的高质量内容；消费者在内容消费的同时为平台和生产者带来商业变现

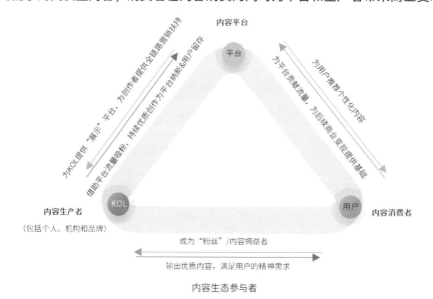

内容生态参与者

Source: QuestMobile研究院，2022年10月；根据公开资料整理。

根据生产者的不同，又可划分为多种不同的内容生产方式；UGC与PGC结合成的PUGC是较为新兴的一种，既保证专业度的同时，又满足个性化的需求，促进平台社区氛围的形成

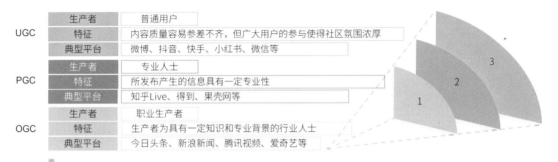

UGC	生产者	普通用户
	特征	内容质量容易参差不齐，但广大用户的参与使得社区氛围浓厚
	典型平台	微博、抖音、快手、小红书、微信等
PGC	生产者	专业人士
	特征	所发布产生的信息具有一定专业性
	典型平台	知乎Live、得到、果壳网等
OGC	生产者	职业生产者
	特征	生产者为具有一定知识和专业背景的行业人士
	典型平台	今日头条、新浪新闻、腾讯视频、爱奇艺等

PUGC
- UGC与PGC的结合生产方式，结合UGC的广度与PGC的深度
- 满足个性化需求的同时，保证内容的质量，模糊KOL与"粉丝"之间的界限，拉近与用户的距离

典型平台：小红书、哔哩哔哩、蜻蜓FM、喜马拉雅等

内容生产方式

Source：QuestMobile研究院，2022年10月；根据公开资料整理。

广告模式 、"内容+电商"模式、直播模式是内容变现最为普适化的路径； IP开发运营、内容付费模式等方式逐渐兴起

	广告模式	电商模式	直播模式	IP开发运营	内容付费
	获取一定用户流量之后，发布商家广告或为商家提供流量曝光	依靠累积的人气和信任进行视频/图文带货，或者直接开通店铺	运用直播技术进行才艺展示或者进行直播带货获取报酬	打造IP，并进行IP的相关开发及交易获取报酬	通过生产内容来盈利，将内容包装成产品，直接出售获取报酬
内容平台	· 品牌流量付费 · 创作者流量采买 · 内容营销撮合服务费 · ……	· 商家入驻费用 · 商品销售抽成 · ……	· 用户直播打赏分成 · 直播销售佣金 · 创作者开通直播付费 · 用户直播入场费用分成 · ……	· IP开发如将小说IP开发成游戏、影视，开发IP周边产品从而获取收益 · 内容版权销售收入、IP授权收入 · ……	· 会员订阅付费 · 内容专栏付费 · 课程销售 · ……
内容生产者	· 视频带货广告收费 · 直播品宣收费 · ……	· 商品销售抽成 · 商品直接销售利润 · ……	· 用户直播打赏 · 直播坑位费 · 直播销售佣金 · 付费连麦 · 连麦引流 · 用户直播入场付费 · ……	· 内容版权销售收入	· 赞赏收入 · 付费课程 · 付费专栏 · 付费咨询
优劣势	· 优势：收益简单直接 · 劣势：广告数量和广告质量影响用户体验	· 优势：直接形成消费转化，站内形成闭环 · 劣势：对产品质量和产品供应链要求较高	· 优势：消费转化快；持续曝光利于建立个人品牌效应 · 劣势：考验产品质量和产品供应链	· 优势：边际成本低 · 劣势：前期投入较大，成为顶级IP可能性低	· 优势：获得可预测的固定性收入 · 劣势：创作"门槛"较高

内容行业商业变现路径

Source：QuestMobile研究院，2022年10月；根据公开资料整理。

本章内容

- 01.商业模式

- 02. 商业化发展及代表性行业

- 03.未来发展趋势

当下用户的时间被各类社交、娱乐平台瓜分，尤其是抖音、快手这类内容平台的迅速崛起，极大程度上"侵占"了用户的碎片时间

2022年9月 全网用户使用时长与使用时长渗透率 TOP15 APP

注：月使用时长渗透率，指定月内，该APP的总使用时长占全网所有APP总使用时长的比例。
Source：QuestMobile TRUTH 中国移动互联网数据库，2022年9月。

以抖音、快手举例，用户平均每天至少有1.5个小时"沉浸"其中；尤其随着平台推出的一系列针对流量扶持政策、创作者激励政策，无一不在持续为平台提升用户黏性

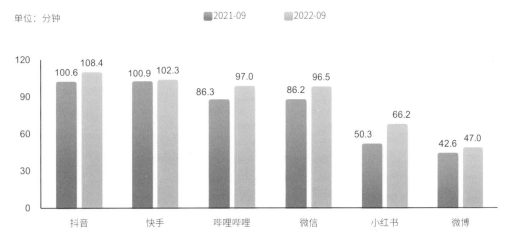

典型内容平台人均单日使用时长

Source：QuestMobile TRUTH 中国移动互联网数据库，2022年9月。

激烈的用户争夺环境下，对优质创作者的挖掘、培养，以及高质量内容的生产被各大平台视为重要战略

微博
☐ 2022年3月推出电商号扶持政策
在未来一年内重点扶持千万电商号，打造垂直领域特色电商博主。给予百亿流量扶持和一亿元现金激励，为优质创作者提供专属政策和权益
☐ 2021年10月发布"话题多元增长计划"对话题发起者和优质内容生产力投入现金和资源激励

激励优质话题，打造垂直电商博主

抖音
☐ 2021年9月推出Dream up计划
· 为KOL提供经营诊断及指导优化方向
· 结合KOL自身特点及用户画像，把"好的货"推荐给"对的人"
· 识别及维护高价值用户，为KOL提升私域沉淀能力

全链路扶持电商达人

快手
☐ 2022年5月发布"新市井电商"定位
业务战略围绕大搞信任电商、大搞快品牌、大搞品牌、大搞服务商
☐ 2022年3月推出星海升级计划
专属流量激励优质商业内容
☐ 2022年11月快手创作者APP正式上线
创作者APP正式上线，降低创作"门槛"

深耕信任经济，降低创作"门槛"

小红书
☐ 2022年5月发布《社区商业公约》
进一步规范商家和品牌平台内容交易行为
☐ 2022年3月升级小红书蒲公英平台
全面升级KOL标签体系，助力品牌高效甄选

规范交易，精细化KOL甄选

微信
☐ 2021年12月推出创作者激励计划
微信视频号通过流量扶持、专项奖金和全生命周期成长权益体系，让创作者实现"有流量""有收入""有成长"

创作者全生命周期成长激励

哔哩哔哩
☐ 2022年2月调整直播公会政策
新主播奖励政策；任任务达成率奖励政策；对外招募公会入驻
☐ 2021年6月游戏区启动MCN专项扶持计划
游戏区核心视频和直播资源共享给潜力MCN伙伴，帮助达人快速成长为"视频+直播"双修全能UP主

招募新主播，培养全能UP主

内容平台近期创作者激励政策

Source: QuestMobile研究院，2022年10月；根据公开资料整理。

除扶持政策外，各平台相继推出了针对创作者的营销服务平台，助力创作者高效完成商业变现

	营销服务平台	发布年份	内容形式	收费方式
微博	微任务	2012	图文/视频/直播	收取30%服务费
抖音	星图平台	2018	视频/直播	视频收取10%服务费；直播收入5%服务费
快手	磁力巨星	2018	视频/直播	平台服务因增值服务（数据服务、流量支持等）而异
bilibili	花火商单	2019	视频/直播	向品牌主收取5%服务费
小红书	蒲公英	2019	图文/视频/直播	向品牌主收取10%服务费，向博主收取10%服务费

创作者营销服务平台

Source: QuestMobile研究院，2022年10月；根据公开资料整理。

2021年短视频平台首次超车"老牌"长视频内容平台；从两大平台用户重合情况来看，可谓"你中有我，我中有你"

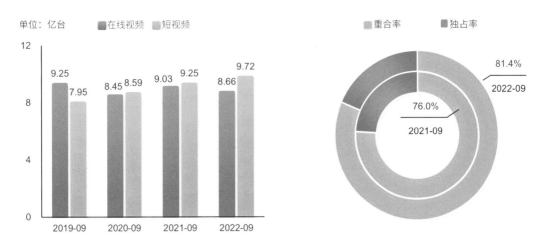

单位：亿台　■在线视频　■短视频

	2019-09	2020-09	2021-09	2022-09
在线视频	9.25	8.45	9.03	8.66
短视频	7.95	8.59	9.25	9.72

2019-2022年 在线视频与短视频行业活跃用户规模

■重合率　■独占率

81.4%
2022-09

76.0%
2021-09

在线视频与短视频重合用户规模占在线视频行业的比例

注：1.重合率，指定周期内，指定行业的重合用户数与其活跃用户数的比值。以A与B的重合为例，A的重合率=A与B的重合用户数/A的用户数，即A∩B/A。2.独占率，指定周期内，指定行业的非重合用户与其活跃用户的比值。
Source：QuestMobile TRUTH 中国移动互联网数据库，2022年9月。

两大行业的用户使用黏性均趋于上升，但短视频行业的用户使用黏性明显高于在线视频行业

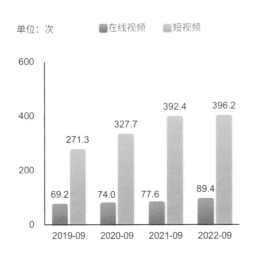

单位：次　■在线视频　■短视频

	2019-09	2020-09	2021-09	2022-09
在线视频	69.2	74.0	77.6	89.4
短视频	271.3	327.7	392.4	396.2

2019-2022年 在线视频与短视频行业月人均使用次数

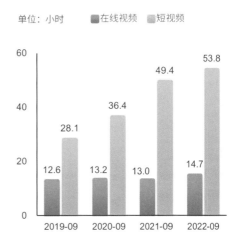

单位：小时　■在线视频　■短视频

	2019-09	2020-09	2021-09	2022-09
在线视频	12.6	13.2	13.0	14.7
短视频	28.1	36.4	49.4	53.8

2019-2022年 在线视频与短视频行业月人均使用时长

Source：QuestMobile TRUTH 中国移动互联网数据库，2022年9月。

短视频用户对于影视娱乐高度关注，平台上出现的大量未授权影视剪辑也一定程度威胁到了在线视频行业的发展，近年两个行业"短兵相接"

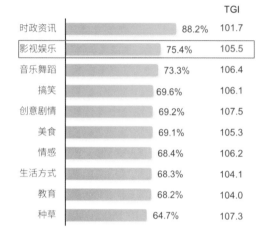

2021年12月15日，中国网络视听节目服务协会发布《网络短视频内容审核标准细则》（2021），规定短视频不得未经授权剪辑影视剧

2022年9月 短视频行业用户KOL类型偏好　　《网络短视频内容审核标准细则》

注：TGI＝指定人群某个标签属性的月活跃占比／全网具有该标签属性的月活跃占比×100。
Source: QuestMobile GROWTH用户画像标签数据库，2022年9月。

长短视频相互博弈和渗透，不同形式的内容相互补充，同时两者的竞合加速了中视频的发展

01 在线视频布局短视频

开设短视频板块
· 爱奇艺、腾讯、优酷等在线视频APP内开设短视频板块

推出短视频APP
· 长视频平台进军短视频，如爱奇艺推出随刻、腾讯视频推出微视

长视频适应用户碎片化消费习惯，提高用户打开率，同时给长视频导流，实现内容联动

02 中视频战略

长视频中视频化动作
· 2020年Q3季度财报中爱奇艺明确中视频是2021年重点战略之一
· 2022年11月，腾讯视频发布中视频战略，以2650万元现金对网络电视、纪录片、知识付费领域的优秀创作者进行激励

短视频中视频化动作
· 快手于2019年7月向部分用户开放了5~10分钟的视频录制时长
· 2019年8月，抖音也宣布逐步开放15分钟的视频发布时长

03 短视频涉足在线视频

· 抖音、快手、西瓜视频站内均设有电影、剧集等长视频入口

· 2021年快手内测在线视频媒体APP"今视频"

短视频满足用户求知等深层次的内容需求，提升单位时间内容消费价值

在线视频与短视频相关动态趋势

Source: QuestMobile研究院，2022年10月；根据公开资料整理。

长短视频由"竞"向"合"，取长补短；短视频通过在线视频二次创作提升用户使用时长，在线视频通过短视频平台在前中期推高影视内容播放热度，后期延续内容余热

优酷全平台与垂直领域官方号

| 2022年7月 | 爱奇艺和抖音官方宣布达成合作，双方未来将围绕长视频内容的二次创作、推广等方面展开探索 |

优酷小剧场
"粉丝"数：1118.2万

超皮优酷君
"粉丝"数：841.3万

优酷官方旗舰店直播间
"粉丝"数：665.1万

| 2022年6月 | 快手宣布与乐视视频就乐视的独家自制内容达成二创相关授权合作 |

这就是街舞
"粉丝"数：335.3万

优酷动漫
"粉丝"数：107.0万

优酷会员
"粉丝"数：64.8万

爱奇艺全平台与垂直领域官方账号

| 2022年3月 | 抖音率先宣布将与搜狐视频合作，抖音获得搜狐全部自制影视作品的二创授权 |

爱奇艺
"粉丝"数：316.4万

爱奇艺综艺
"粉丝"数：153.8万

爱奇艺VIP
"粉丝"数：78.0万

短视频平台获取在线视频平台二创授权　　　　　在线视频平台在短视频平台账号布局

Source：QuestMobile研究院，2022年10月；根据公开资料整理。

本章内容

- 01.商业模式

- 02. 商业化发展及代表性行业

  001. 内容平台IP运营

- 03.未来发展趋势

为充分挖掘内容的长期价值，平台越发注重IP的运营；优秀IP有利于促进用户付费，如《梦华录》剧集更新期间，用户付费占比相对容易达到波峰

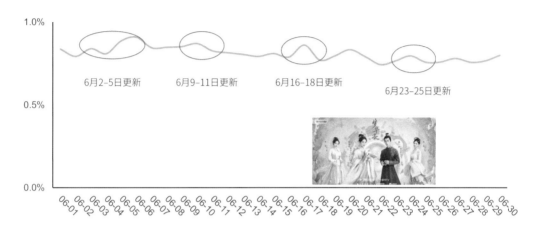

2022年6月 腾讯视频《梦华录》播出期间日付费占比变化

注： 付费占比=使用指定APP期间调起支付页面的活跃用户规模/该APP总活跃用户规模。
Source： QuestMobile TRUTH 中国移动互联网数据库，2022年9月。

同时平台也注重IP的后续价值挖掘，如通过跨界联名、集市展览、周边商城、短视频征稿赛等方式强化和挖掘IP价值，既能承接剧集的热度，也能延长剧集IP的曝光周期

| 与喜茶联名 | 风雅梦华游线下古风集市展览 | 腾讯视频线上周边商城 | 短视频征稿赛 |

- 呼应剧中"紫苏饮子""茶百戏"等茶文化展示内容，推出紫苏·粉桃饮、梦华茶喜·点茶两款定制的联名特调茶饮产品
- 设置【喜·半遮面】主题店和线下"快闪"等丰富活动

- 在游园场景上，"复刻"梦华录，高度还原剧内场景
- 在游园体验上，结合当下最受年轻人欢迎的剧本杀，此次线下中集创新推出了应援半遮面、证物争夺战两大主题剧本，在推理中感受到剧中人物的经历与心路历程

- 腾讯视频在点映界面设置了"《梦华录》独家周边首发"，包括双蝶态项链、收官福袋、白头书签、官方定制团扇、枕梦书签以及情雨伞、徽章、口罩、钥匙扣等多款《梦华录》周边产品

- 麦吉丽品牌冠名《梦华录》短视频征稿赛，在权益露出、达人作者冠名呈现上来实现品牌知名度扩散

《梦华录》相关IP衍生活动

Source： QuestMobile 研究院，2022年10月；根据公开资料整理。

此外，平台知名IP除了促进用户拉新，对提升现有会员活跃度也具有一定的正向效果，如芒果TV知名综艺IP播出后，活跃会员占比相应提高

2022年 芒果TV活跃会员占比与付费占比变化

注： 1.付费占比=使用指定APP期间调起支付页面的活跃用户规模/该APP总活跃用户规模。2.活跃会员占比=活跃会员数/活跃用户数。

Source： QuestMobile TRUTH 中国移动互联网数据库，2022年9月。

IP运营不仅限于单个行业，跨行业间合作成为常态，如数字阅读平台为在线视频内容输出大量优秀IP，同时在线视频助力数字阅读平台的IP商业变现

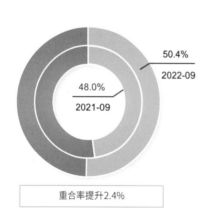

重合率提升2.4%

在线视频与数字阅读行业重合用户规模
占在线视频行业的比例

阅文集团囊括的核心在线阅读APP

整体重合度 **4.4%**

QQ阅读　　　　　　　　　起点读书

QQ阅读APP
活跃用户规模
2000.0万

起点读书APP
活跃用户规模
1475.1万

腾讯旗下阅文集团汇聚了强大的创作者阵营、成功输出《斗破苍穹》《盗墓笔记》《琅琊榜》《将夜》《庆余年》等网文IP改编的动漫、影视、游戏等多业态产品

数字阅读平台输出在线视频内容案例

Source： QuestMobile TRUTH 中国移动互联网数据库，2022年9月。

本章内容

- **01.商业模式**

- 02. 商业化发展及代表性行业

  002. 内容生产者

- **03.未来发展趋势**

当下创作者身份更多元，且扩大至社会各界；不同领域创作者的涌入为多元化内容生产提供了基石

KOL发展历程

Source：QuestMobile研究院，2022年10月；根据公开资料整理。

专注于泛类内容的KOL仍占据重要地位，但增速放缓；随着人们对内容质量要求的提高，深耕某一领域的垂类KOL越发得到人们青睐，"粉丝"增速TOP10 KOL类型中大部分为垂类KOL

KOL分类	垂类	垂类	垂类	垂类	垂类	泛类	垂类	垂类	垂类	垂类
粉丝增量贡献率	9.1%	5.0%	3.4%	2.3%	8.8%	26.1%	9.3%	2.9%	1.1%	4.4%

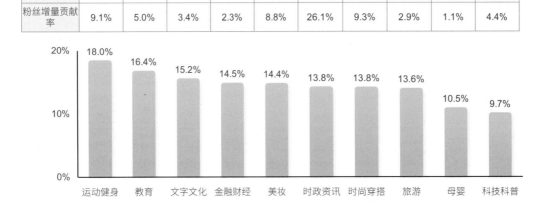

2022年9月 vs 2021年9月 跨平台"粉丝"同比增长率TOP10 KOL类型

注：1."粉丝"同比增长率=（2022年9月某KOL类型"粉丝"数-2021年9月某KOL类型"粉丝"数）/2021年9月某KOL类型"粉丝"数-1。2."粉丝"增量贡献率=2022年9月某KOL类型"粉丝"同比增量/六大内容平台整体"粉丝"数同比增量。3.筛选跨平台（抖音、快手、微博、哔哩哔哩、小红书、微信公众号平台）2022年9月活跃用户数高于2万的KOL。
Source：QuestMobile NEW MEDIA 新媒体数据库，2022年9月。

不同平台内容特质呈现差异，要求KOL根据不同平台定制内容，此背景下，KOL平台布局越发聚焦，集中精力深耕单一平台

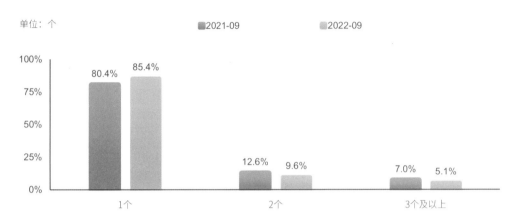

KOL布局六大内容平台数量分布变化

注：六大内容平台指抖音、快手、微博、哔哩哔哩、小红书、微信公众号平台。
Source: QuestMobile NEW MEDIA 新媒体数据库，2022年9月。

直播是KOL重要变现方式，虽然部分头部KOL常居带货榜前排地位，具有较高合作议价能力，但直播整体格局尚未稳固，腰尾部KOL仍有机会突围成为头部带货达人

2022年1月抖音直播销售额TOP10 KOL   2022年9月 抖音直播销售额TOP10 KOL

Source: QuestMobile TRUTH BRAND 品牌数据库，2022年9月。

KOL合作成本和效果监测等因素驱动下品牌主越发KOL化，选择直接面向用户，拉近与用户的距离，六大内容平台的品牌官方号数量均有一定幅度的增长

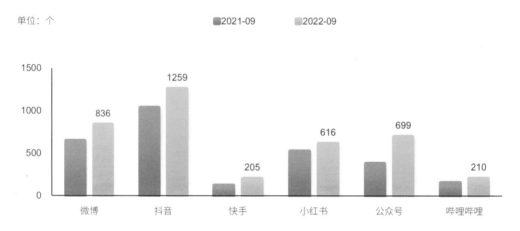

六大内容平台品牌官方号数量变化

注：品牌官方号，指内容平台中，由品牌所在企业官方注册且运营的账号。
Source: QuestMobile TRUTH BRAND 品牌数据库，2022年9月。

此外，品牌逐渐回收直播权，通过品牌自播实现快速的消费转化，代表性消费行业中科技属性相对高的家用电器品牌表现尤其明显

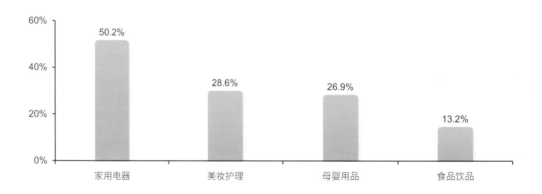

2022年9月抖音渠道典型消费行业品牌自播销售额占比

注：1.品牌官方号，指内容平台中，由品牌所在企业官方注册且运营的账号。2.品牌自播指由品牌官方号进行的直播。3.指定行业品牌自播销售额占比=指定行业品牌自播销售额/该行业品牌直播总销售额。
Source: QuestMobile TRUTH BRAND 品牌数据库，2022年9月。

本章内容

- 01.商业模式

- 02. 商业化发展及代表性行业

- 03.未来发展趋势

趋势一：内容平台跨业态联合，谋求新的发展空间；暨联合电商之后，内容平台凭借线上流量与内容，继续发力本地生活板块，扩大业务版图的同时，深度挖掘现有用户的价值

<table>
<tr><td>抖音 联合 饿了么</td><td>快手 联合 美团</td><td>小红书发力旅游相关业务</td></tr>
<tr><td>2022年8月，抖音宣布与饿了么达成合作，饿了么将以小程序的形式入驻抖音，为抖音用户提供从内容种草、在线点单到即时配送的本地生活服务</td><td>2021年12月，快手与美团在本地生活领域达成战略合作，美团将在快手APP内上线美团小程序，用户通过小程序可以直达各美团商家，购买套餐、代金券，以及进行订座、线上交易和售后服务等</td><td>2020年7月小红书与第三方短租平台小猪短租达成合作，首批入驻民宿超300家
小红书带火露营相关内容，并且在2022年注册露营相关的企业</td></tr>
</table>

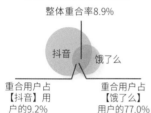

抖音 VS 饿了么 重合情况
整体重合率8.9%

重合用户占【抖音】用户的9.2%　　重合用户占【饿了么】用户的77.0%

快手 VS 美团重合情况
整体重合率18.0%

重合用户占【快手】用户的28.8%　　重合用户占【美团】用户的32.5%

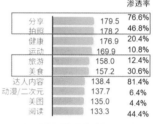

小红书活跃用户 TGI TOP10 兴趣偏好

		渗透率
分享	179.5	76.6%
拍照	178.2	46.8%
健康	176.9	20.4%
运动	169.9	10.8%
旅游	158.0	12.4%
美食	157.2	30.6%
达人内容	138.4	81.4%
动漫/二次元	137.7	6.4%
美图	135.0	4.4%
阅读	133.3	44.4%

联合方整体重合率低于两者，联合后综合运用双方的优势，相互渗透　　　　洞察平台用户特质，针对性拓展业务

内容平台布局本地生活业务

注：1.整体重合率，指定周期内，该APP的重合用户数与所有参与对比的APP去重活跃用户数的比值。以A与B的重合为例，A和B的整体重合率=A与B的重合用户数/A与B的合计去重用户数，即A∩B/A∪B。2.注：TGI＝指定人群某个标签属性的月活跃占比/全网具有该标签属性的月活跃占比×100。

Source: QuestMobile TRUTH 中国移动互联网数据库，2022年9月；GROWTH 用户画像标签数据库，2022年9月。

趋势二：随着越来越多优质内容的出现，内容从谋求流量的工具变成了本身具备交易价值的主体，平台试水各种付费模式

抖音测试直播付费
- 2021年抖音开启了夏日歌会活动，邀请了张惠妹、孙燕姿、欧阳娜娜等多位知名歌手，进行线上演唱会直播，采用付费观看直播方式，整场直播累计超过4000万人次观看

快手付费直播
- 快手在2020年之前就开辟了"付费精选"，包括付费直播、付费短视频，以及付录播课程
- 疫情发生后，文艺表演社线下展演受限，快手借此推出付费直播，观众购买门票后可看全场演出

微信视频号付费直播
- 2022年1月，微信视频号上线首个付费直播间，直播内容为NBA常规赛，进入直播间后，用户可免费观看3分钟，观看一场NBA直播至少需要9元

抖音短剧付费测试
- 抖音在2021年4月份开启短剧新番计划，对短剧创作者提供扶持
- 2021年抖音进行短剧付费测试

快手短剧付费
- 快手从2019年推出"光合计划"、2020年推出"星芒计划"，从各维度进行扶持短剧内容创作者
- 2020年5月，快手上线付费功能，设置官方账号"快手付费内容助手"，通过账号可以进入到快手付费内容广场，影视类短剧为重要付费内容

腾讯短剧付费
- 2021年腾讯微视推出"火星计划"，宣布投入10亿元资金，百亿流量扶持微短剧业务的发展
- 2021年11月，腾讯视频上线了单剧付费的功能，如《撩动心弦》《柠檬树上你和我》等以甜宠为主的微短剧，且短剧主要来源于微视

直播付费　　　　　　　　　　　　短剧付费

Source: QuestMobile 研究院，2022年10月；根据公开资料整理。

趋势三：用户流量获取成本高企，私域运营成为品牌和内容创作者的未来破局之道，降低流量获取成本，挖掘用户长期价值

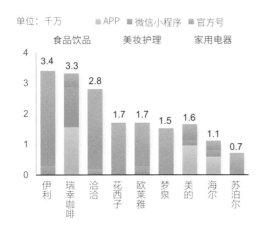

单位：千万 ■APP ▨微信小程序 ▨官方号

2022年9月 典型消费行业TOP3品牌
私域用户规模及渠道构成

私域社群

KOL 社群私域运营

注：1.总活跃用户数未去重，为APP、微信小程序、官方号三个渠道的活跃用户规模数加总。2.官方号指抖音、快手、微博、哔哩哔哩、小红书、微信公众号平台中，由品牌所在企业官方注册且运营的账号。
Source：QuestMobile TRUTH BRAND 品牌数据库，2022年9月。

趋势四：下沉市场仍为内容经济掘金重要战场，短视频和在线视频在下沉市场用户中活跃渗透率高，但在线阅读、网络音频、社交类应用等内容行业仍然具有较大的下沉空间

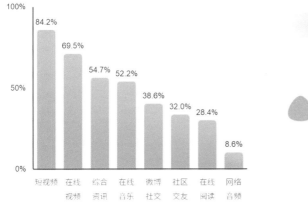

2022年9月 下沉市场用户内容相关应用行业活跃渗透率

活跃用户规模	全网覆盖率
7.05亿	58.9%

下沉市场适合内容经济发展的因素

• 下沉市场工作压力更小

• 空暇时间更多，线上娱乐时间更多

• 利用线上知识弥补与一二线城市信息资源的差距……

2022年9月 下沉市场用户规模及覆盖率

注：1.下沉市场用户，指三线及以下城市用户。2.全网覆盖率，指定周期内，目标人群月活跃用户数占全网月活跃用户数的比例。
3.活跃渗透率，指定周期内某目标人群启动某个应用分类的月活跃用户数/该目标人群的月活跃用户数。
Source：QuestMobile TRUTH 中国移动互联网数据库，2022年9月。

第七篇章

泛娱乐经济

领域定义：由文学、动漫、影视、音乐、游戏、演出、衍生品等多元文化娱乐形态组成的融合产业。

本篇核心观点

① 注重内容布局

泛娱乐平台以内容为主导，注重独家版权争夺与自制内容破圈，优质内容的竞争不断白热化。

② IP价值最大化

泛娱乐领域以IP为核心联动发展，创造更多有影响力的热门IP，并围绕IP进行多渠道开发、品牌联名营销等方式，促进IP价值最大化。

③ 存量用户运营

在流量红利消失、用户增长持续放缓的大背景下，提升用户黏性以及付费会员ARPU值成为关键。

④ 内容载体多样化

智能大屏端、VR端成为各平台瞄准的新场景，给年轻用户带来使用体验方面的迭代，平台围绕电视端的用户展开激烈争夺。

本章内容

泛娱乐领域发展历程

	2002年	2011年	2014年	2018年
	萌芽期-互联网化	成长期-融合发展	爆发期-生态化	成熟发展期-规范化
标志事件	第一家专业视频网—乐视网正式上线	腾讯提出以IP打造为核心的"泛娱乐"构思，首次诞生泛娱乐的概念	"泛娱乐"一词被文化部、新闻出版广电总局等中央部委的行业报告收录并重点提及	版权保护政策不断加强，为泛娱乐产业IP价值释放红利
阶段特征	文娱产业向PC端发展	各类互联网企业纷纷布局游戏、文学、动漫、影视等多领域	文学、动漫、影视、音乐、游戏、周边等多元文化娱乐形态而组成的泛娱乐生态系统形成	以IP为核心的泛娱乐布局成中国文化产业趋势
代表行业	PC端视频网站 PC端网络游戏	在线视频 网络文学	在线视频 手机游戏 网络动漫 移动音乐	短视频 数字阅读

泛娱乐行业发展历程

Source: QuestMobile 研究院，2022年10月；根据公开资料整理。

泛娱乐领域以IP为核心联动发展，文学、动漫提供丰富的原创IP资源， 将IP影视化、游戏化扩大传播效果，进而打造多元化变现渠道

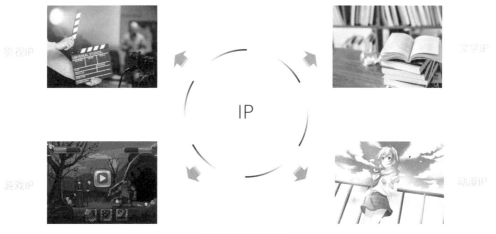

泛娱乐领域行业图谱

Source: QuestMobile 研究院，2022年10月；根据公开资料整理。

在线视频平台以内容为主导，内容质量是影响流量的最重要因素之一，平台注重增加自制投入与独家版权，吸引新增用户，通过增强用户互动体验留存用户

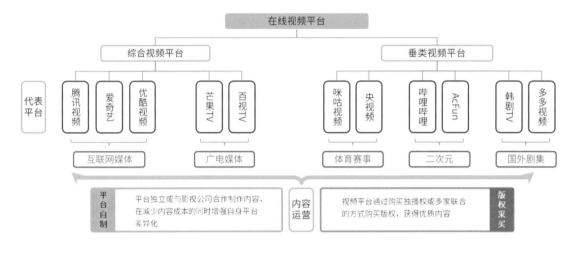

Source：QuestMobile研究院，2022年10月；根据公开资料整理。

现阶段，在线视频平台流量增长空间有限，提升用户黏性以及付费会员ARPU值成为关键

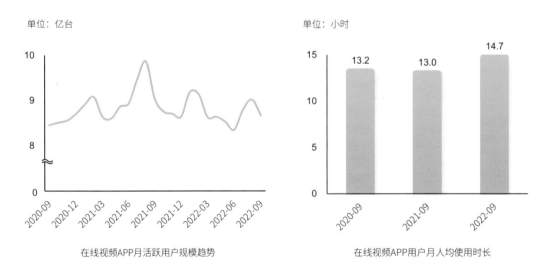

在线视频APP月活跃用户规模趋势   在线视频APP用户月人均使用时长

注：在线视频指多以横屏方式呈现的中长时长的视频。
Source：QuestMobile TRUTH 中国移动互联网数据库，2022年9月。

在线视频平台增加短视频、直播、社区等模块以丰富自身内容，触及更多用户，并且与其他行业进行会员捆绑，延伸平台内容触达边界

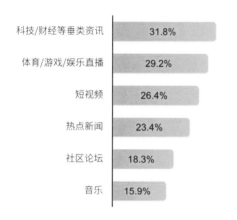

在线视频APP除长视频外其他功能板块受众用户占比

在线视频会员用户付费渠道分析

注：1.左图调研问题为：您浏览过在线视频APP上的哪些模块的内容？（多选）N=4079。2.右图调研问题为：您是通过什么渠道办理的会员？（多选）N=1453。
Source：QuestMobile Echo快调研，2022年10月。

经历了2017-2019年高速发展期，短视频行业近3年用户规模增速放缓，但在平台生态的繁荣及直播形式普及下，用户黏性仍保持良好增长态势

单位：亿台

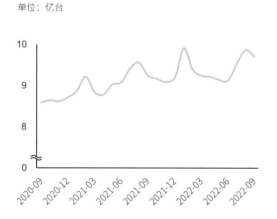

短视频APP月活跃用户规模趋势

单位：小时

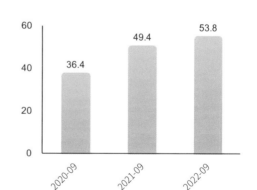

短视频APP用户月人均使用时长

Source：QuestMobile TRUTH 中国移动互联网数据库，2022年9月。

短视频开启业务拓展的进程，逐步向泛娱乐其他行业渗透 ，从"有趣"向"有用"的转型越发明显

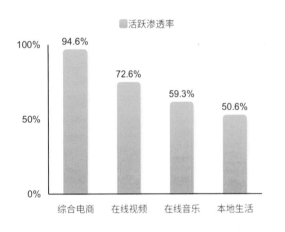

2022年9月 短视频用户对典型行业的使用偏好

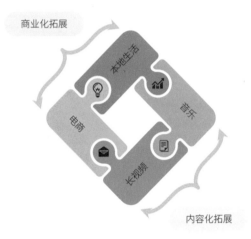

短视频平台 价值拓展

Source: QuestMobile TRUTH 中国移动互联网数据库，2022年9月。

随着短视频平台用户规模的增长和黏性的提高，用户对各平台内容丰富性提出更高要求，并且对于特色创新功能表现出更高的付费意愿

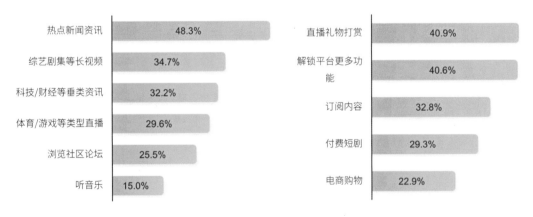

短视频用户除浏览短视频外的其他内容需求　　　　短视频付费用户付费内容占比

注：1.左图调研问题为：您希望短视频平台能够提供哪些额外的内容来满足您的需求？（多选）N=4497。2.右图调研问题为：过去一年您主要为短视频行业APP上的哪些项目付费？（多选）N=895。

Source: QuestMobile Echo 快调研，2022年10月。

随着中国游戏厂商的研发实力不断提高，市场中诞生更多现象级游戏，三类游戏用户量破亿；
游戏厂商注重创新玩法，吸引各类用户达成破圈，用户黏性进一步增强

2022年9月 手机游戏二级行业月活跃用户规模TOP10　　2022年9月 手机游戏二级行业 月人均使用时长TOP10

Source: QuestMobile TRUTH中国移动互联网数据库，2022年9月。

受游戏版号停发的影响，游戏市场整体广告投放呈下滑趋势，MMORPG、飞行射击等中重度
游戏买量占比保持增长

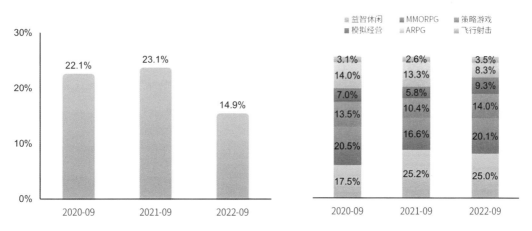

网络游戏广告主广告投放费用占互联网整体的比例　　典型手机游戏细分行业广告投放费用占比

Source: QuestMobile AD INSIGHT 广告洞察数据库，2022年9月。

移动音乐经过快速发展期、规范洗牌期后，已经步入成熟稳定期

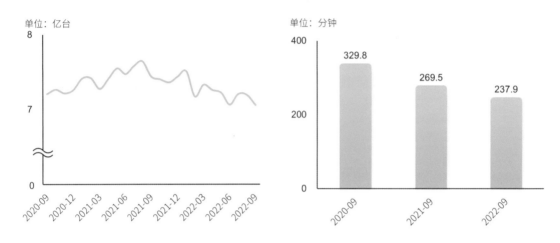

移动音乐APP月活跃用户规模趋势　　　　移动音乐APP用户月人均使用时长

注：移动音乐APP使用时长统计范围，不包含后台活跃时长。
Source: QuestMobile TRUTH 中国移动互联网数据库，2022年9月。

免费阅读的兴起带动下沉市场和银发用户的需求增长，有望实现更大基数的用户价值变现

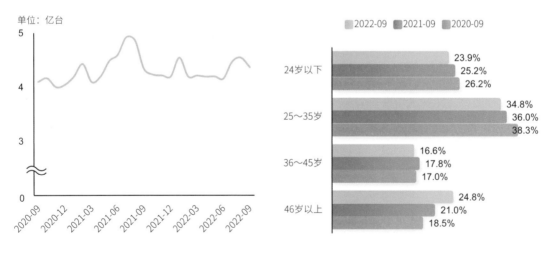

数字阅读APP月活跃用户规模趋势　　　　数字阅读APP用户年龄分布

Source: QuestMobile TRUTH 中国移动互联网数据库，2022年9月。

本章内容

- 01. 模式演变与代表行业

- 02.泛娱乐领域商业化发展

- 03.泛娱乐经济典型应用分析

- 04.未来发展趋势

以内容为核心的泛娱乐，变现模式由单一到多元，除付费会员外，注重挖掘IP价值，各平台开始联动出版、网络文学、动漫、游戏、消费品等各垂直领域，强调商业开发体系的完善，实现全链运营以及流量价值最大化

内容付费

早期多以免费的方式提供各领域内容，之后逐渐开启内购、会员等变现模式，并进一步推出为差异化内容服务付费，如知识付费、内容营销等，成为各平台标配

IP变现

以垂直IP为核心打造亚文化与用户圈，并开发以IP为核心的产品矩阵，逐渐发展成一种成熟的商业模式，也是未来泛娱乐市场的主流形态

商业化模式

流量变现

广告依旧是行业重要的变现来源，泛娱乐平台也是广告市场投放的重要媒介；直播电商的兴起使得各类"电商节"层出不穷，流量的价值更加被放大

Source: QuestMobile 研究院，2022年10月；根据公开资料整理。

经过早期用户积累，2010年开始逐渐由免费时代向付费时代转变，视频平台率先试水付费会员业务，随着政策对版权保护泛娱乐行业趋严，音乐、阅读等各类平台也陆续上线付费制

2010年之前

· 2010年前，PC互联网时代免费模式是泛娱乐各平台的主要发展形式

2010年

· 乐视网首先开通在线点播、付费会员业务
· 随后PPS、酷6、优酷和迅雷也开始推出付费业务

2011-2014年

· 2011年，爱奇艺和搜狐视频相继推出付费业务
· 2012年11月，腾讯视频推出付费会员业务
· 2013年4月，网易云音乐推出黑胶会员

2018年至今

· 2018年，平台联合会员兴起，涵盖视频、音频、院线、电商等领域；现阶段，联合会员已成为主流模式

2016-2017年

· 2016年6月，喜马拉雅FM正式进军知识付费领域；数字阅读平台陆续开启会员+单点内容付费的模式
· 2016年10月，哔哩哔哩推出付费业务"大会员"

2015年

· 7月国家版权局颁布"最严版权令"，未经授权传播的音乐作品需全部下架
· 在线音乐平台纷纷开始与版权方正版合作，以及相互转授权

平台付费/会员制发展历程

Source: QuestMobile 研究院，2022年10月；根据公开资料整理。

早期支持鼓励泛娱乐产业发展的政策不断推出，现阶段 "合规" 成为泛娱乐发展的参考标尺

《关于移动游戏出版服务管理的通知》
明确移动游戏出版管理流程，需先申报版号后才能上线收费运营，移动游戏上网出版运营时，需要明出版服务单位、批准文号、出版物号等经国家新闻出版广电总局批准的信息

《网络短视频平台管理规范》
开展短视频服务的网络平台，应当持有《信息网络传播视听节目许可证》（AVSP）等法律法规规定的相关资质，并严格在许可证规定的业务范围内开展业务

《关于开展文娱领域综合治理工作的通知》
加强游戏内容审核把关，提升游戏文化内涵，压实游戏平台主体责任，推进防沉迷系统接入，完善实名验证技术

2017.04　　2019.11　　2021.12

2016.05　　2019.01

《关于推动数字文化产业创新发展的指导意见》　**《网络音视频信息服务管理规定》《关于加强互联网电视短视频业务管理的通知》**

优化数字文化产业供给、与相关产业融合发展、扩大和引导数字文化消费等四个主要发展方向，对动漫、游戏、网络文化、数字文化装备等主要产业领域进行重点布局和引导

网络音视频信息服务提供者应当依法取得法律、行政法规规定的相关资质；应当建立健全用户注册、信息发布审核、信息安全管理等制度

通过拍照商对于当下正热的短视频业务进入互联网电视提出了明确的管理要求，也为短视频业务进入大屏的规范发展开启了正式通道

泛娱乐领域重点政策

Source: QuestMobile 研究院，2022年10月；根据公开资料整理。

在优质内容的驱动下，用户逐渐养成付费习惯，差异化付费内容一定程度上提高各行业变现效率，用户对热门IP的关注，进一步推动IP视频化、产品化

在线视频	31.1%	
移动音乐	19.1%	
短视频	18.9%	
手机游戏	17.3%	
在线阅读	14.2%	
手机动漫	11.0%	
未产生付费行为	37.2%	

在线视频	· 开通/续费平台会员 · 影视剧集单独付费
移动音乐	· 开通/续费平台会员 · 数字专辑、单曲付费
短视频	· 直播礼物打赏 · 解锁平台更多功能
手机游戏	· 游戏道具（包括皮肤、道具等） · 游戏点券/金币充值
在线阅读	· 开通/续费平台会员 · 单部电子书付费
手机动漫	· 开通/续费平台会员 · 动漫IP实体周边

泛娱乐领域各类型APP付费用户占比　　　　各类型APP用户付费项目TOP2

注：1.调研问题为：近一年内您在以下哪些行业的APP有过付费行为？（多选）N=4747。2.右图调研问题为：过去一年您主要为在该行业APP上的哪些项目付费？（多选）N=4747。
Source: QuestMobile Echo快调研，2022年10月。

现阶段视频平台的广告变现形式更加成熟，基于庞大的用户规模，广告更易获得更高的曝光量，短视频平台借助直播电商，变现能力进一步增强

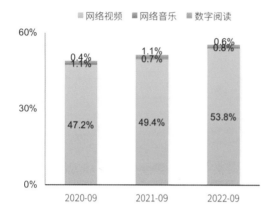

广告主在典型泛娱乐媒介行业投放费用占比变化

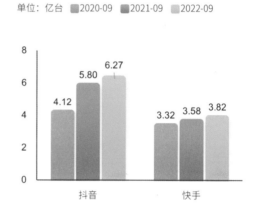

典型短视频平台观看直播用户规模

Source：QuestMobile AD INSIGHT 广告洞察数据库，2022年9月。

本章内容

中国娱乐产业的发展日渐呈现出多元化、多形式、多平台的特征，现象级的应用、影视、游戏层出不穷，用户对娱乐产品的质量要求越发提高

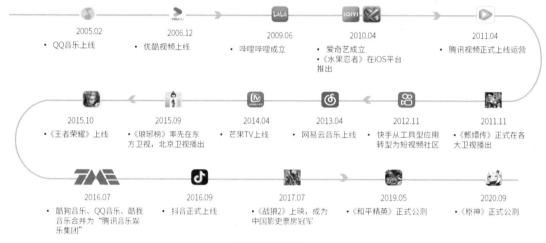

泛娱乐领域现象级事件

Source：QuestMobile研究院，2022年10月；根据公开资料整理。

在线视频行业更多应用进入成熟期发展，持续活跃用户规模稳定，头腰部APP竞争激烈，侧重吸引更多新安装用户

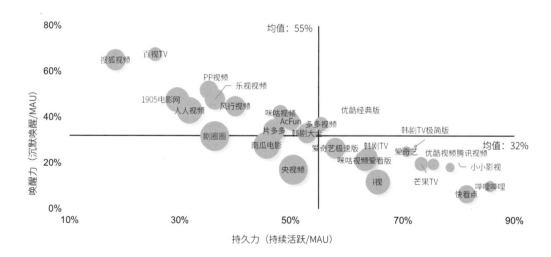

2022年9月 在线视频行业APP ARR三力拆分

注：1.气泡大小为成长力，指新安装活跃规模/MAU。横轴为持久力，指持续活跃规模/MAU，其中持续活跃指T月活跃，在T－1月也活跃。纵轴为唤醒力，指沉默唤醒规模/MAU，其中沉默唤醒指T月活跃，但在T－1月不活跃且未卸载。2.选取MAU>50万的APP。
Source：QuestMobile TRUTH中国移动互联网数据库，2022年9月。

在线视频市场集中度不断提高，TOP5平台格局稳定，用户规模达到亿级以上，其他平台较难超越

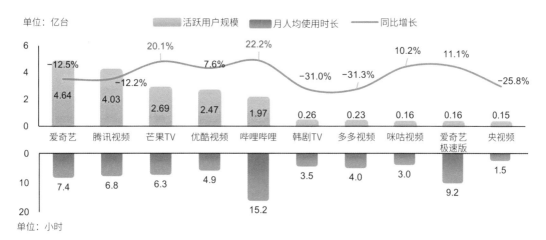

2022年9月 在线视频APP月活跃用户规模TOP10＆月人均使用时长

Source: QuestMobile TRUTH 中国移动互联网数据库，2022年9月。

爱奇艺丰富的剧集储备陆续上线，如独播剧《人世间》成为现象级剧集，优质内容供给驱动用户黏性增长与流量回暖

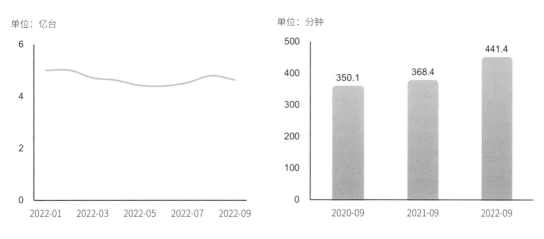

爱奇艺APP月活跃用户规模趋势　　　　　　爱奇艺APP月人均使用时长

Source: QuestMobile TRUTH 中国移动互联网数据库，2022年9月。

爱奇艺以剧集、综艺等内容为核心，通过多渠道输出内容进行多元化变现

内容供给	内容输出	内容变现
剧集 爱奇艺推出主打悬疑短剧集"迷雾剧场"、聚焦爱情题材的"恋恋剧场"、主打喜剧内容的"小逗剧场"，三大品牌剧场持续挖掘圈层内容	**移动端** APP：活跃用户4.641亿 百度智能小程序：活跃用户0.23亿 微信小程序-奇异果TV：活跃用户238万	**会员** 爱奇艺会员订阅服务针对不同用户需求推出包括黄金、白金、星钻、学生、FUN、体育、VR会员在内的7种套餐
综艺 爱奇艺在不断焕发"综N代"活力的同时，也兼顾注重在新领域、新主题、新题材等方面的探索与创新，2022年上新综艺分列"快意活、乐舞台、狂欢笑、享温馨"四个立意板块，不断解锁全新玩法	**大屏端** 银河与爱奇艺联合打造智能电视应用"银河奇异果"，活跃设备数量达1.06亿 **VR** 爱奇艺推出奇遇VR一体机	**广告** 爱奇艺广告收入： 爱奇艺-APP：32736万元 爱奇艺-OTT：5626万元 爱奇艺-PC：5204万元 其他 爱奇艺探索从直播、游戏、IP方面进行商业化变现

爱奇艺内容渠道布局与商业化

注：文中涉及数据统计周期均为2022年9月。
Source：QuestMobile TRUTH全景生态流量数据库，2022年9月；AD INSIGHT广告洞察数据库，2022年9月。

腾讯视频注重运营存量用户，在内容方面进一步拓宽题材和创新广度，结合居家场景推出科幻季、冒险季、线上暑期档等品牌

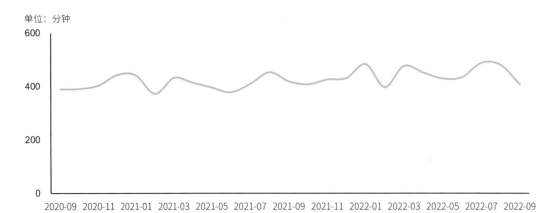

单位：分钟

腾讯视频APP月人均使用时长趋势

Source：QuestMobile TRUTH中国移动互联网数据库，2022年9月。

随着政策对全民体育健身的支持，腾讯视频与腾讯体育联动，输送优质体育内容，并紧跟热点赛事与国内新兴运动，打造优质新IP

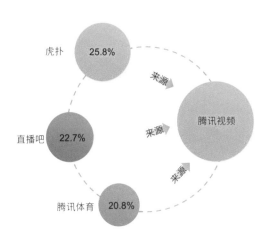

腾讯视频深耕体育类内容，在即将揭幕的卡塔尔世界杯，腾讯视频筹备了多档原创内容，如《传奇转身》《阿拉丁神灯》等节目；作为2023年国际篮联篮球世界杯，数字媒体中国区的独家合作平台，为用户带来全天候全场次的独家精彩直播互动

腾讯视频以"全民同乐"为发力点，凭借NBA版权的强赋能打造独特的高燃4V4赛事《篮厂制霸》，瞄准Z世代年轻群体，推出全国首档潮流城市运动旅行真人秀《潮野集》，致力推出有破圈影响力的线下体育赛事新IP

2022年9月 腾讯视频APP用户在体育资讯行业来源占比 腾讯视频 体育赋能

Source: QuestMobile TRUTH 中国移动互联网数据库，2022年9月。

芒果 TV 形成以自制为主，湖南台输入及外购为辅的内容结构，流量迅速提升，并加强"一云多屏"的全渠道覆盖布局盖，在 PC 端与移动端之外抢占大屏市场

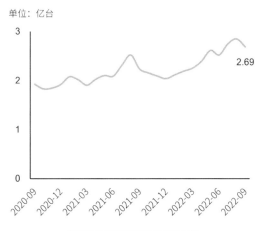

芒果TV APP月活跃用户规模趋势

（各渠道流量占比低于1%的渠道未做显示）

APP	55.1%
生态流量–OTT	18.5%
生态流量–抖音	12.9%
生态流量–移动网页	5.9%
生态流量–IPTV	3.0%
生态流量–内容联盟	2.4%

2022年9月 芒果TV 全景流量渠道分布

注：1.生态流量：经过QuestMobile审计的独有生态流量渠道，目前包括OTT、移动网页、智能设备等多种流量渠道。2.生态流量–抖音：目标应用在该平台的官方账号矩阵。3.生态流量–内容联盟：目标应用输出内容与其他平台合作服务用户的流量渠道。
Source: QuestMobile TRUTH 中国移动互联网数据库，2022年9月；TRUTH全景生态流量数据库，2022年9月。

143

芒果TV的自制内容生产体系凸显核心竞争力，用户使用黏性持续增长；除此之外，芒果TV寻求创新，加码短剧市场，"长短"结合提升剧集上新频率

单位：小时

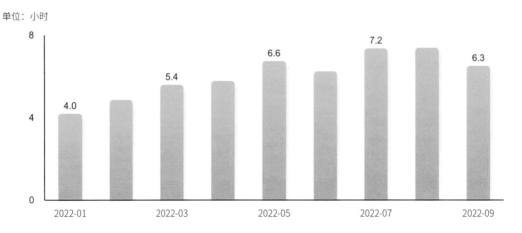

芒果TV用户月人均使用时长趋势

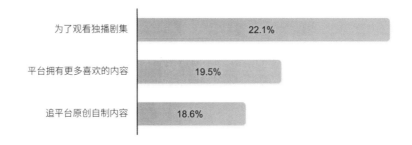

芒果TV会员用户付费原因TOP3

芒果TV-大芒短剧推出"今夏片场"

芒果TV把握暑期黄金时间，打造出第一个短剧时令片场—今夏片场，共12部多类型短剧密集排播，提升剧集上新频率。

芒果TV短剧创作引入了剧本杀、无限流、快穿等新鲜元素，规避同类题材的同质化，并针对受欢迎的剧作持续开发，吸引固定用户群，打造IP。

注：调研问题为：您为什么办理芒果TV的会员？（多选）N=113。
Source：QuestMobile TRUTH 中国移动互联网数据库，2022年9月；Echo快调研，2022年10月。

芒果TV广告体量持续提升，通过构建全域广告营销体系、定制综艺，持续赋能高价值 IP，帮助广告主最大化产出传播素材，实现全场景传播

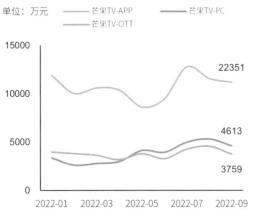

单位：万元

芒果TV各生态渠道广告收入情况

芒果TV拥有互联网电视内容服务和集成播控两块牌照，依托完备的牌照优势，其视听业务内容覆盖手机、PAD、PC、TV、IPTV、OTT全终端；在用户体验升级方面，芒果TV陆续推出互动剧、VR视频、云游戏等创新内容玩法，让电视大屏体验更加丰富多元；除此之外，芒果TV还推出大屏短视频产品"芒头条"，促进大屏商业变现向"内容+电商+广告"的多元化商业模式转变

芒果TV 大屏端业务布局

Source：QuestMobile AD INSIGHT 广告洞察数据库，2022年9月。

百视TV借助自制恋综、脱口秀等高话题节目刺激平台流量，用内容唤醒用户，保证平台流量持久

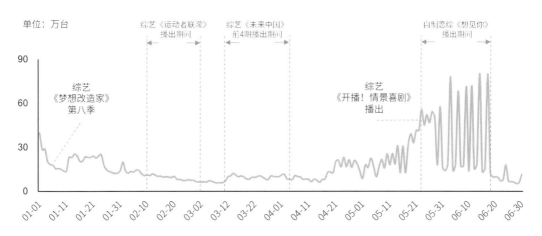

单位：万台

2022年上半年 百视TV APP日活跃用户规模

Source：QuestMobile TRUTH 中国移动互联网数据库，2022年6月。

垂直领域深耕拓展，金色学堂触及50+人群，构建"银发经济"优势，移动端APP用户中51岁以上人群占比提升

2021年2月，"金色学堂"率先在百视TV上线。"金色学堂"根据中老年人的兴趣特点和重点需求，设立健康、文化、艺术、生活、时尚、技能6大类别，打造乐学大讲堂、人文行走、银龄法宝、智能设备4大特色栏目，有针对地解决银发人群在数字化趋势下遇到的难题，更好地拥抱互联网

百视TV推出"金色学堂"

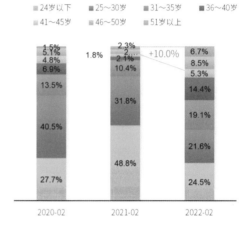

百视TV用户年龄分布

Source：QuestMobile GROWTH 用户画像标签数据库，2022年2月。

头部平台与其他平台间的流量优势持续扩大，短视频市场越发集中化，形成以抖音、快手及其衍生APP为主导的竞争格局

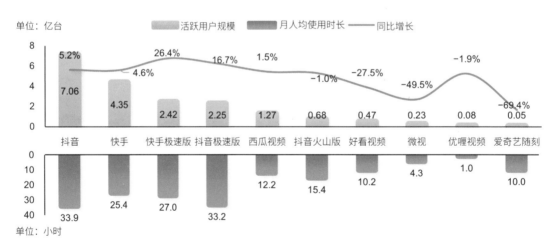

2022年9月 短视频APP月活跃用户规模TOP10＆月人均使用时长

Source：QuestMobile TRUTH 中国移动互联网数据库，2022年9月。

极速版APP配合主版进行引流导流、吸引新用户、开拓下沉市场，凭借差异化玩法，两类APP覆盖用户规模持续上升，拉新效率更高

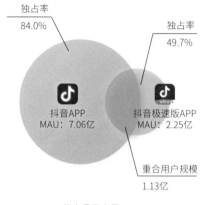

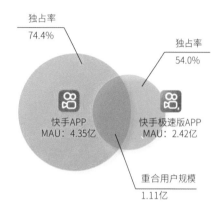

2022年9月 抖音与抖音极速版APP重合及独占分析　　2022年9月 快手与快手极速版APP 重合及独占分析

注：1.重合用户数：在统计周期(月)内，同时使用过两个APP的用户数。2.独占率：在统计周期(月)内，该APP的独占用户数与其活跃用户数的比值，即A独占/A。

Source: QuestMobile TRUTH 中国移动互联网数据库，2022年9月。

游戏版号于2022年4月再度重启，随后发放数量持续增加，刺激游戏市场，保证游戏行业补充新鲜血液

单位：个

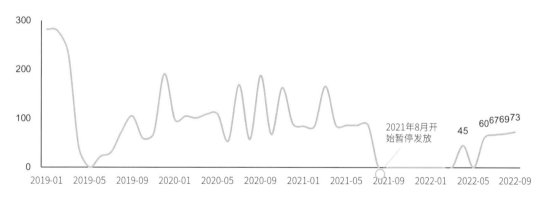

2019−2022年国产游戏版号获批数量变化

Source: QuestMobile 研究院，2022年10月；国家新闻出版署，2022年9月。

头部游戏类型丰富，各类型中均有热门代表性游戏出圈，重度游戏王者荣耀与轻度游戏开心消消乐规模达到亿级以上，流量优势明显

单位：万台

所属行业	消除游戏	MOBA	飞行射击	传统棋牌	赛车跑酷	策略游戏	MOBA	MMORPG	传统棋牌	飞行射击	传统棋牌	益智休闲	传统棋牌	益智休闲	飞行射击
	14946	14243	7634	3108	2283	2146	2070	1912	1683	1282	1263	1227	1126	974	959
	开心消消乐	王者荣耀	和平精英	欢乐斗地主（腾讯）	地铁跑酷	金铲铲之战	英雄联盟手游	原神	JJ斗地主	穿越火线：枪战王者	腾讯欢乐麻将全集	蛋仔派对	天天象棋	精彩2048	暗区突围

2022年9月 手机游戏行业月活跃用户规模TOP15 APP

Source：QuestMobile TRUTH 中国移动互联网数据库，2022年9月。

开心消消乐早期通过大量广告投放迅速获取用户流量，在同类消除游戏的激烈竞争中用户规模有所起伏，消消乐的长线运营策略，保证了核心用户的稳定

单位：亿台

		TGI
性别	男性 22.5%	44
	女性 77.5%	157
年龄	24岁以下 23.6%	109
	25~35岁 31.3%	130
	36~45岁 20.0%	105
	46岁以上 25.1%	71
城市等级	一线城市 7.0%	87
	新一线城市 14.6%	96
	二线城市 16.8%	95
	三线城市 24.6%	99
	四线城市 17.8%	102
	五线及以下城市 19.1%	114

开心消消乐APP月活跃用户规模趋势　　　　2022年9月 开心消消乐APP用户画像

注：TGI＝目标App某个标签属性的活跃占比 / 全网具有该标签属性的活跃占比×100。

Source：QuestMobile TRUTH 中国移动互联网数据库，2022年9月；GROWTH用户画像标签数据库，2022年9月。

游戏正越来越深和广地衍生IP形式，王者荣耀作为超级IP，其已经衍生至影视、音乐、动画、文学、周边、线下演出等各个方面，持续发挥IP价值

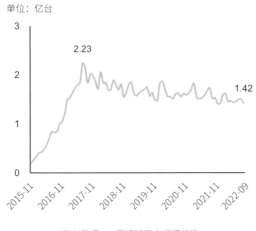

衍生动画	综艺/影视剧集
《王者荣耀》已发布三部自制动画《是王者啊？》《王者？别闹！》和《峡谷重案组》	在影视方面，相关电视剧《你是我的荣耀》、综艺《战至颠峰》播出期间受到热烈讨论，相关话题经常登上热搜榜单

衍生音乐	衍生周边文创
《王者荣耀》上线中文原创音乐剧《摘星辰》，与QQ音乐发布联名黑胶礼盒，包含七首游戏原声音乐，唤起玩家独家记忆	《王者荣耀》拥有官方周边商城，其中包含生活周边、数码3C、精美手办、服装服饰等多类产品

王者荣耀APP月活跃用户规模趋势　　　　王者荣耀IP运营

Source: QuestMobile TRUTH中国移动互联网数据库，2022年9月。

原神上线一月内，玩家规模突破两千万，核心玩家基本稳定；营销方面原神注重联名合作，2022年原神与超过10家品牌联名，涉及餐饮、零售、金融等各类品牌，扩大IP影响力

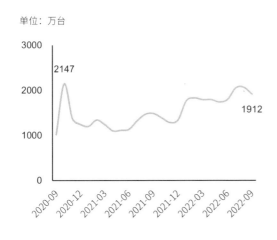

			TGI
性别	男性	65.7%	130
	女性	34.3%	70
年龄	24岁以下	37.1%	172
	25~30岁	31.6%	243
	31~35岁	25.2%	226
	36岁以上	6.1%	11
城市等级	一线城市	8.9%	110
	新一线城市	18.3%	120
	二线城市	19.1%	108
	三线城市	25.0%	101
	四线城市	16.2%	93
	五线及以下城市	12.6%	75

原神APP月活跃用户规模趋势　　　　2022年9月 原神APP用户画像

注：TGI＝目标APP某个标签属性的活跃占比／全网具有该标签属性的活跃占比×100。

Source: QuestMobile TRUTH中国移动互联网数据库，2022年9月；GROWTH用户画像标签数据库，2022年9月。

移动音乐行业头部竞争格局稳定，腾讯音乐集团产品与网易云音乐发展成熟，用户规模稳定，头部与腰部平台断层较大，中长尾应用突破困难

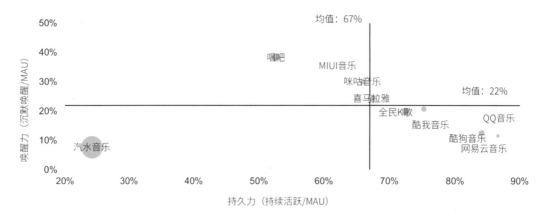

2022年9月 移动音乐行业TOP10 APP ARR三力拆分

注：1.气泡大小为成长力，指新安装活跃规模/MAU。横轴为持久力，指持续活跃规模/MAU，其中持续活跃指T月活跃，在T−1月也活跃。纵轴为唤醒力，指沉默唤醒规模/MAU，其中沉默唤醒指T月活跃，但在T−1月不活跃且未卸载。2.选取MAU TOP10的APP。
Source：QuestMobile TRUTH 中国移动互联网数据库，2022年9月。

酷狗音乐、QQ音乐、酷我音乐作为移动音乐领域TOP3 APP，覆盖用户超过5亿，渗透率持续提升，且用户整体分布较为平均

腾讯音乐娱乐集团（TME）去重活跃用户规模　　　　2022年9月 TME活跃用户画像

注：1.腾讯音乐娱乐集团，简称TME，包括酷狗音乐APP、QQ音乐APP、酷我音乐APP。2.活跃渗透率=目标用户启动某个APP的月活跃用户数/移动音乐行业月活跃用户数。3.TGI＝目标APP某个标签属性的活跃占比／全网具有该标签属性的活跃占比×100。
Source：QuestMobile TRUTH 中国移动互联网数据库，2022年9月；GROWTH用户画像标签数据库，2022年9月。

网易云音乐注重开发社交娱乐衍生功能，通过构建用户交互音乐社区吸引大量年轻用户，并借助情感营销，增加用户黏性

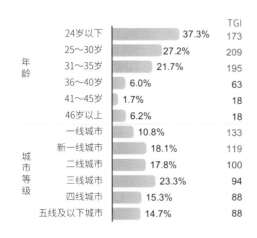

			TGI
年龄	24岁以下	37.3%	173
	25～30岁	27.2%	209
	31～35岁	21.7%	195
	36～40岁	6.0%	63
	41～45岁	1.7%	18
	46岁以上	6.2%	18
城市等级	一线城市	10.8%	133
	新一线城市	18.1%	119
	二线城市	17.8%	100
	三线城市	23.3%	94
	四线城市	15.3%	88
	五线及以下城市	14.7%	88

2022年9月 网易云音乐活跃用户画像

2022年4月网易云音乐上线"云村地铁线路图"玩法，线路图基于APP内94个功能点和不同的曲风街道设计而成，主干线由每日推荐站、歌单广场、原创音乐人站、Mlog 音乐等核心功能点组成。

网易云音乐通过"音乐+故事+创新产品"的互动形式，在社交娱乐方向尝试创新，新鲜玩法不仅能吸引新用户参与互动，情感共鸣更有助于老用户的留存。

网易云音乐情感营销

注：TGI = 目标APP某个标签属性的活跃占比 / 全网具有该标签属性的活跃占比×100。
Source：QuestMobile GROWTH用户画像标签数据库，2022年9月。

本章内容

- 01. 模式演变与代表行业

- 02.泛娱乐领域商业化发展

- 03.泛娱乐经济典型应用分析

- 04.未来发展趋势

泛娱乐领域未来发展集中在获取新用户、创造新价值、带给用户新体验等方面

出海	衍生IP	智能设备	元宇宙
出海成为传播中国文化的一张名片，长视频出海与游戏出海驶入快车道；在存量竞争时代，出海也成为各平台寻找增量新的路径	中国IP衍生产业链日渐发展，注重IP发展成为各企业的重点战略之一，借助有影响力的IP，发展周边产品、广告代言、主体展会、主题乐园、文旅小镇等IP衍生产品，成为主流	在智能交互技术和云社交等虚拟场景的发展下，泛娱乐场景下体验共享成为新趋势，VR一体机、外接头戴显示等智能设备，带给用户新奇的沉浸式互动体验，未来更多人工智能设备的应用，将有效提高用户留存率	当前元宇宙产业处于初期发展阶段，未来元宇宙将率先集中在游戏、内容等娱乐领域，吸引更多用户进入和体验，成为元宇宙概念的原住民

泛娱乐领域未来发展趋势

Source：QuestMobile 研究院，2022年10月。

第八篇章

电商经济

领域描述：由电子商务衍生而来，指通过智能手机、平板电脑这类移动终端，用户可以随时随地进行线上购物所形成的经济领域，泛指APP、小程序等渠道的移动购物行业。

本篇核心观点

1 电商模式多元化

移动电商形成以综合电商模式为主，并围绕人货场的演变进而衍生出社区零售、垂直品类、内容电商等多元的细分经济模式。

2 电商流量巨量化

包含APP、超级APP入口小程序的移动购物行业全景流量域已达到11.73亿，逛电商成为近乎全体移动网民的主要生活习惯之一。

3 用户流量持续化

头部电商平台以持续活跃的存量用户为主，各平台模式和业务能力已趋于成熟、稳健，实现了吸引用户持续使用的深度黏性。

4 直播电商差异化

基于触点、需求、信任的路径不同，形成差异化的直播电商模式，进而头部直播电商形成差异化的竞争战略。

本章内容

通过构建营销场，撮合货与人建立商品买卖所形成电商经济形势，现阶段的年度零售总额已突破13万亿元

移动电商经济演变过程

Source: QuestMobile 研究院，2022年10月；国家统计局，2022年9月。

电商经济以综合电商模式为主，围绕人货场的变化而衍生出多类模式，进而降低获客成本，提升转化效率

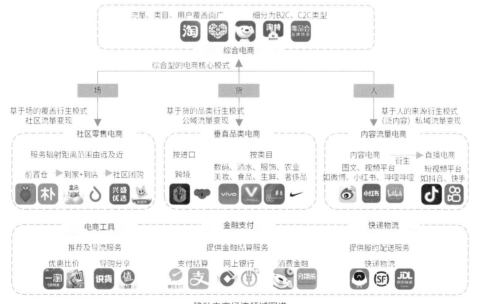

移动电商经济领域图谱

注：仅展示部分LOGO，排名不分先后。
Source: QuestMobile 研究院，2022年10月；根据公开资料整理。

电商整体：对比互联网各行业，高投入、高流量的移动购物行业依然是变现确定性靠前位的，其广告投入稳居互联网各行业首位，在10亿级行业中流量稳居全网首位

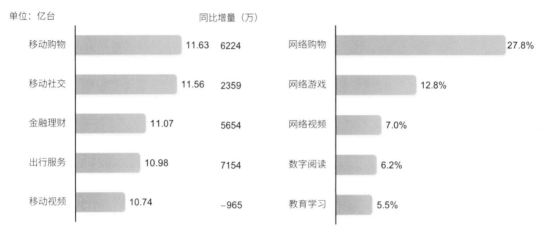

2022年9月 移动互联网一级行业月活跃用户规模TOP5　　　2022年前三季度 各互联网行业移动广告投放费用占比TOP5

注：同比增量是指某个行业月活跃用户规模，2022年9月—2021年9月的增量值。
Source: QuestMobile GROWTH用户画像标签数据库，2022年9月；AD INSIGHT广告洞察数据库，2022年9月。

与此同时，因有超级APP的社交、支付、搜索场景下的流量加持，小程序对电商全景流量的贡献突出，进一步扩充电商流量池

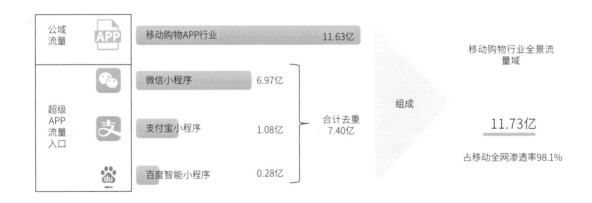

2022年9月 移动购物行业全景流量域构成情况

注：移动购物行业全景流量域，这一概念指的是，针对移动购物类APP、微信小程序、支付宝小程序、百度智能小程序的月活跃用户规模加总去重。
Source: QuestMobile TRUTH全景生态流量数据库，2022年9月。

综合电商：行业流量超11亿，稳居细分领域首位，是现阶段发展更为稳定、成熟的细分行业，占据电商行业绝大多数流量

2022年9月 综合电商APP行业月活跃
用户规模占移动购物全景流量域比例

2022年9月 移动购物细分APP行业月活跃用户规模TOP10

Source：QuestMobile TRUTH中国移动互联网数据库，2022年9月；TRUTH全景生态流量数据库，2022年9月。

社区团购：作为社区零售的新兴零售形式之一，模式基于团长完成了"最后一公里"的配送，可削减履约成本，一定程度改善社区零售短时履约成本过高的难题

社区团购模式的业务流程示意图

Source：QuestMobile研究院，2022年10月；根据公开资料整理。

社区团购小程序背靠社交社群裂变，更加契合团购模式，流量远远高于社区团购APP，流量合计加总超2亿，占电商全景流量域17%，仅次于综合电商，在现阶段流量位居电商行业第二

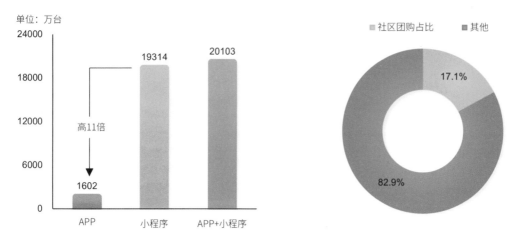

2022年9月 社区团购行业APP&小程序月活跃用户规模

2022年9月 社区团购APP+小程序流量占移动购物全景流量域比例

注：1.社区团购APP端组成：兴盛优选、美团优选、橙心优选、十荟团、百果园。2.社区团购小程序端组成：兴盛优选、美团优选 果蔬肉禽蛋日用百货、橙心优选社区电商、十荟团、多多买菜、百果园+、淘菜菜原盒马集市。
Source：QuestMobile TRUTH 中国移动互联网数据库，2022年9月；TRUTH全景生态流量数据库，2022年9月。

数码电商：数码电商流量居品类垂直细分行业首位，行业玩家多为终端手机厂商，其终端用户为自建电商提供流量基础

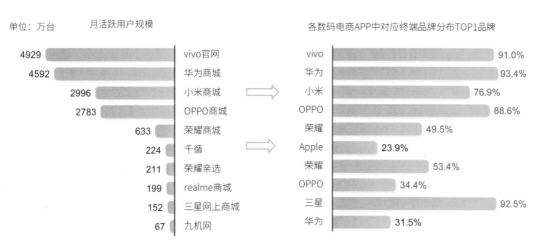

2022年9月 数码电商APP行业TOP10APP

注：TOP终端品牌，指某APP用户的终端品牌分布中，TOP1占比的品牌比例。
Source：QuestMobile TRUTH 中国移动互联网数据库，2022年9月。

生鲜电商：部分地区/城市居家拉动生鲜线上消费场景，将原本线下需求转为线上下单，推动行业流量破亿级，持续保持增长

生鲜电商APP行业月活跃用户规模　　　　　　农产品网络零售额增长率

非电商平台的电商化进程：非传统电商行业及平台，正在加速电商进程，将电商化作为重点投入的商业化方向，涌现出一批新兴形式电商

内容流量平台电商化进程

注：不同非电商的内容流量平台，现阶段对于电商产业链的参与，受流量现状、变现压力，各平台处于不同阶段。抖音、快手的电商化进程已进入第四个阶段，基于KOL深耕直播电商领域。

直播电商：基于先发优势和市场积累，直播电商行业已演变至第三阶段，自播成品牌方普遍的营销工具之一

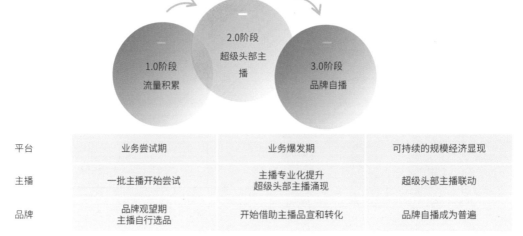

	1.0阶段 流量积累	2.0阶段 超级头部主播	3.0阶段 品牌自播
平台	业务尝试期	业务爆发期	可持续的规模经济显现
主播	一批主播开始尝试	主播专业化提升 超级头部主播涌现	超级头部主播联动
品牌	品牌观望期 主播自行选品	开始借助主播品宣和转化	品牌自播成为普遍

直播电商行业三阶段

Source：QuestMobile研究院，2022年10月。

本章内容

- 01.行业模式与演变现状

- 02.新兴电商领域商业化发展

- 03.电商经济典型应用分析

- 04.未来发展趋势

商业化模式：在流量基础上，通过数字化进行端到端的优化，以提升供应链效率，再以生鲜作为刚需通路商品实现引流，辅以高毛利的日用百货为盈利来源，成为诸多社区零售的核心

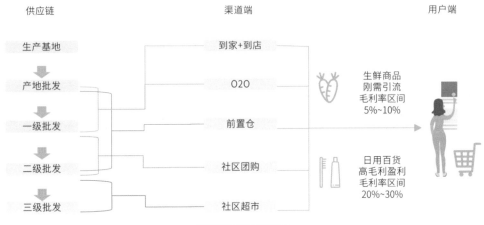

社区零售商品流通链路

注：商品毛利率基于公开资料、市场调研、专家访谈等综合渠道获得。
Source：QuestMobile研究院，2022年10月；根据公开资料整理。

商业化效果：易损耗的生鲜产品更适宜线下门店和社区店销售；伴随社区零售的兴起，生鲜的线上化渗透得以提升

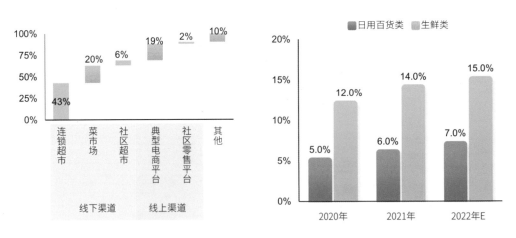

生鲜类商品在各渠道销售分布　　　社区零售平台中日用百货与生鲜类商品销售额占线上销售比例

注：1.左图调研问题为：近一年内您在以下哪些渠道购买生鲜类商品？（多选）各渠道花费占比是多少？（单选）N=3107。2.参照公开财报、招股书数据，对社区零售平台中生鲜类、日用百货类商品零售额渗透率进行估算。
Source：QuestMobile Echo快调研，2022年10月；研究院，2022年10月。

商业化模式：直播模式决定着商品性质偏向非必需、冲动型消费，导致商品毛利较高，平台方能够从佣金、推荐广告两方面获得收益

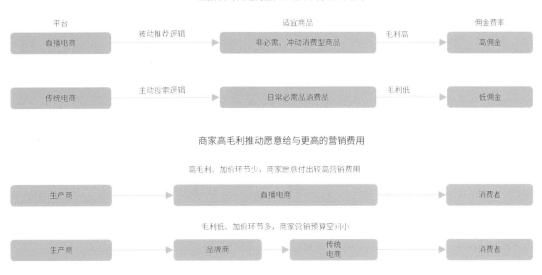

直播模式决定佣金货币化率高于传统电商

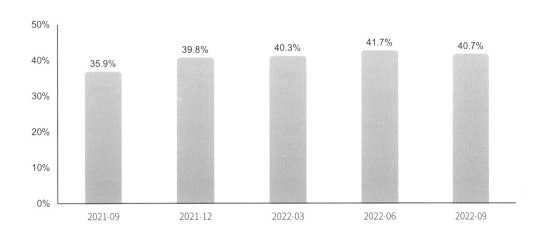

抖音、快手APP媒介广告收入合计占全网媒介广告收入比例

注：参照公开财报数据，结合QuestMobile AD INSIGHT广告洞察数据库进行估算。广告形式为互联网媒介投放广告，不
　　包括直播、软植、综艺节目冠名、赞助等广告形式。
Source：QuestMobile AD INSIGHT广告洞察数据库，2022年9月。

商业化制约因素：现阶段，存在4方面不利因素，影响直播电商未来的盈利能力

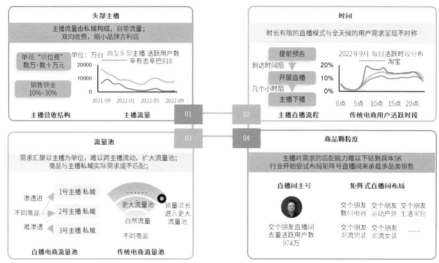

影响直播电商模式盈利能力的不确定因素

Source：QuestMobile NEW MEDIA 新媒体数据库，2022年9月；TRUTH中国移动互联网数据库，2022年9月。

商业化效果：直播电商商业化能力发展迅速，成交市场规模占网络零售比例超25%

单位：亿元

直播电商交易规模及同比增长率

Source：QuestMobile研究院，2022年10月；中华人民共和国商务部大数据，2022年9月。

本章内容

- 01.行业模式与演变现状

- 02.新兴电商领域商业化发展

- 03.电商经济典型应用分析

- 04.未来发展趋势

综合电商：行业TOP3 APP在月活跃用户规模方面格局保持稳定

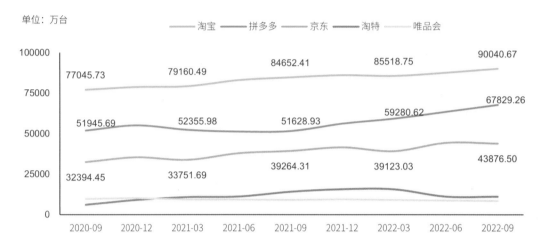

综合电商行业TOP5 APP月活跃用户规模

注：综合电商行业TOP5APP，选取2022年9月活跃用户规模TOP5。
Source：QuestMobile TRUTH 中国移动互联网数据库，2022年9月。

但TOP3 APP在月日均活跃用户规模方面，自2022年一季度开始发生改变

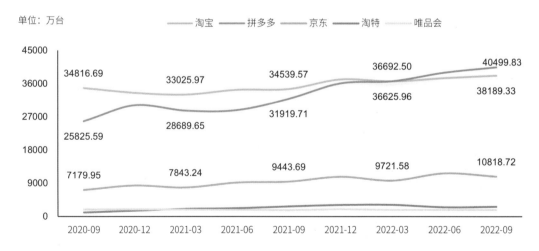

综合电商行业TOP5 APP月日均活跃用户规模
Source：QuestMobile TRUTH 中国移动互联网数据库，2022年9月。

综合电商行业典型平台流量以持续活跃的存量用户为主

行业TOP20中，有90%的持久力超50%，平均值为64%，此外唤醒力平均贡献22%的活跃用户

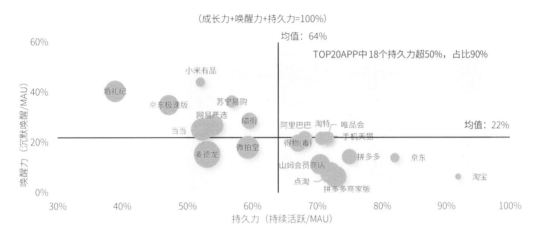

2022年9月 综合电商行业TOP20 APP ARR三力模型分布

注：气泡大小为成长力，指新安装活跃规模/MAU；横轴为持久力，指持续活跃规模/MAU，其中持续活跃指T月活跃，在T－1月
也活跃。纵轴为唤醒力，指沉默唤醒规模/MAU，其中沉默唤醒指T月活跃，但在T－1月不活跃且未卸载。
Source：QuestMobile TRUTH中国移动互联网数据库，2022年9月。

在TOP电商APP中，淘宝的持久力占比超9成，这表明月活跃用户中，9成用户上月亦在活跃，凸显平台吸引用户连续使用的持续黏性

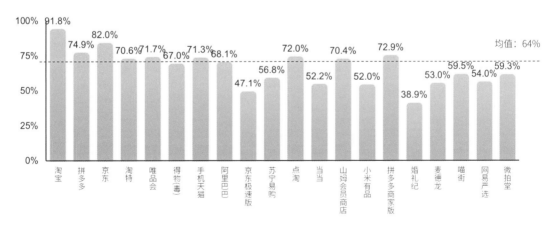

2022年9月 综合电商TOP20 APP持久力占比

注：持久力，指持续活跃规模/MAU，其中持续活跃指T月活跃，在T－1月也活跃。按照APP MAU排序。
Source：QuestMobile TRUTH中国移动互联网数据库，2022年9月。

拼多多超10%的月活跃用户来自新安装用户，这其中超60%来自三线及以下城市，这得益于拼多多持续在供应链选品方面积极吸纳白牌商家，进而满足以性价比为主的下沉市场用户需求

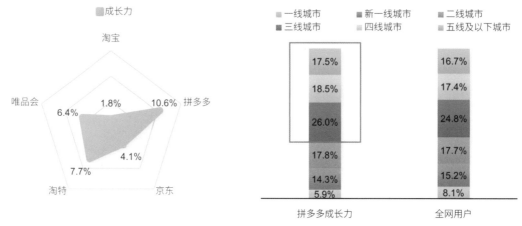

2022年9月 综合电商TOP5APP成长力占比　　　　2022年9月 拼多多成长力城际分布

注：成长力，指新安装活跃规模/MAU。

Source: QuestMobile TRUTH中国移动互联网数据库，2022年9月。

物流筑起时效基本盘，京东以自营物流配送体系，提升履约和售后效率，进而推动用户持续使用黏性，持久力达到82%，仅次于淘宝

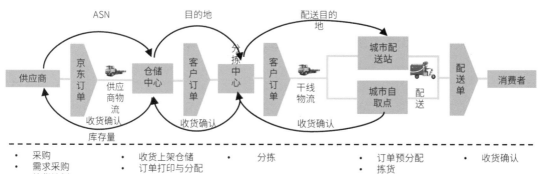

京东物流与配送链条

Source: QuestMobile研究院，2022年10月；根据公开资料整理。

基于触点、需求、信任的路径不同，形成差异化的直播电商模式

▌搜索转化路径：需求→触点→信任
典型平台：淘宝直播电商-发现电商-货架电商的营销补充工具

| 用户 | ➡ | 商品 | ➡ | 直播间 | ➡ | 主播 | ➡ | 成交 |

▌内容转化路径：触点→需求→信任
典型平台：抖音直播电商-兴趣电商-围绕公域流量通过兴趣匹配提高转化

需求

触点　　信任

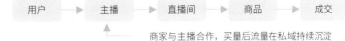

| 用户 | ➡ | 内容 | ➡ | 商品 | ➡ | 直播间 | ➡ | 成交 |

商家在内容曝光买量，平台持续获得广告营收

▌社交转化路径：信任→需求→触点
典型平台：快手直播电商-信任电商-围绕私域流量通过信任关系提高转化

| 用户 | ➡ | 主播 | ➡ | 直播间 | ➡ | 商品 | ➡ | 成交 |

商家与主播合作，买量后流量在私域持续沉淀

直播电商典型模式对比

Source：QuestMobile 研究院，2022年10月；根据公开资料整理。

再基于差异化的路径，头部直播电商形成差异化的竞争战略

电商+直播 淘宝直播电商	• 传统电商+电商直播，以直播串联淘系各个消费场景 • "新内容时代"战略，流量分配机制由以成交为主转变为成交、内容双指标； • 推出扶持政策，面向达人、主播、商家推出新领航计划、引光者联盟、超级新咖计划、源力计划，提供行业绑定、佣金激励、专属流量等全方位支持。
短视频+直播 抖音直播电商	• 兴趣电商，用算法机制以商品去匹配用户 • "FACT经营矩阵"，推动以内容为中心的经营策略：布局四大经营阵地，F、A、C、T分别代表阵地自营、达人矩阵、主题活动、头部大V； • 布局供应链云仓：将商品从产地仓向分拨中心、转运中心的连续补货，提升紧急订单的处理效能； • 抖音商城 由兴趣电商趋向货架电商发展，提高货找人的精准性。
短视频+直播 快手直播电商	• 信任电商，通过信任心智，沉淀私域"粉丝"，提高用户黏性 • "四个大搞战略"，即"大搞信任电商、大搞快品牌、大搞品牌、大搞服务商"："大搞快品牌"聚焦从快手生态浮现出的新兴品牌；"大搞品牌"针对传统品牌；"大搞服务商"即提高服务商体系建设，提升用户体验； • 快品牌扶持计划：分别从流量红利、冷启动福利、产品特权、营销活动、专属服务等5个方面助力快品牌。

直播电商典型平台战略对比

Source：QuestMobile 研究院，2022年10月；根据公开资料整理。

基于短视频流量基础，直播流量保持扩大趋势，占比接近9成

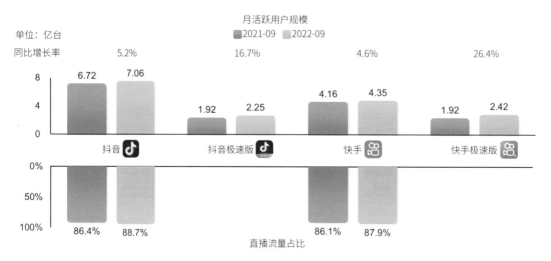

抖音与快手APP月活跃用户规模与直播流量

Source：QuestMobile TRUTH 中国移动互联网数据库，2022年9月。

抖音快手直播流量差异1：抖音与淘宝重合率逾80%，高于快手，为开展货架式商城服务，具有更高的用户接受度基础

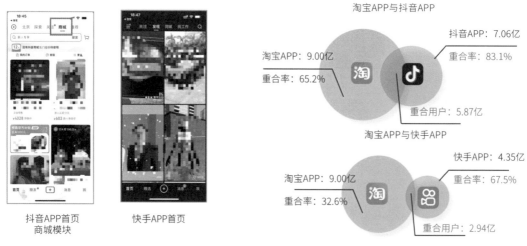

抖音、快手APP首页对比

2022年9月 月活跃用户规模重合情况

Source：QuestMobile TRUTH 中国移动互联网数据库，2022年9月。

抖音快手直播流量差异2：快手具备更为下沉、高龄的用户流量特征

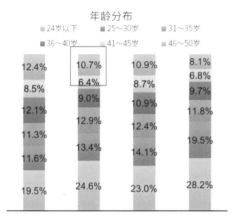

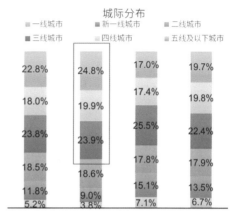

2022年9月 典型直播电商APP及其直播流量用户画像

Source: QuestMobile GROWTH用户画像标签数据库，2022年9月。

抖音快手直播流量差异3：抖音更注重头部，创造流量中心；快手更侧重去中心化，侧重长尾，但去中心化逻辑，反而使得众多中长尾KOL的内容获得曝光，触达到用户

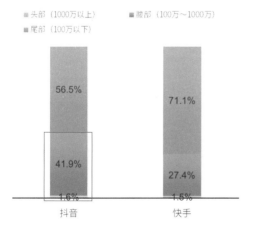

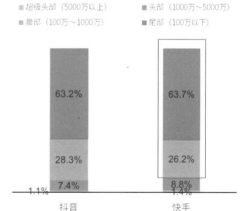

2022年9月 不同"粉丝"量的KOL数量分布　　　　2022年9月 不同活跃用户数的KOL数量分布

KOL活跃用户数：在统计周期内，指定KOL平台中浏览或关注过目标KOL发布内容的活跃用户数。

Source: QuestMobile NEW MEDIA 新媒体数据库，2022年9月。

本章内容

● 01.行业模式与演变现状

● 02.新兴电商领域商业化发展

● 03.电商经济典型应用分析

● 04.未来发展趋势

电商经济未来趋势

| 模式上 |
直播电商带动消费产业升级，加速制造业的数字化转型
主播/MCN为打造低价反馈"粉丝"，迫使其直接触及供应链上游，通过C2M实现反向定制及新品开发，缩减中间流通成本

| 品类上 |
社区团购将继续带动生鲜产品的线上化销售
随着社区零售对消费者使用习惯的逐渐培育，其中的细分模式社区团购现阶段用户流量已超2亿大关，推高社区零售整体流量，居各电商模式第二位，未来伴随线上转化率持续提升，进而进一步加速生鲜产品的线上化销售

| 品牌上 |
商品的品牌结构将持续深化
伴随三线及以下的下沉市场用户习惯的培养，加之农村网民用户增长，凸显性价比的白牌市场和需求将持续存在

Source: QuestMobile研究院，2022年10月。

第九篇章

生活经济

领域概述：O2O范畴下聚焦本地日常生活商品与服务消费，串联当地居民与日常周边商业模式，涵盖餐饮、电影、洗衣/家政、休闲娱乐、社区服务、生活配送、同城跑腿等本地商业领域。

本篇核心观点

① **企业品牌升级促进用户到店**

数字化经济发展下，消费升级及服务线上化趋势下，到店业务模式向本地更多垂类业领域渗透，商家多元营销策略推进到店业务市场规模持续增长。

② **"无接触"需求推动到家业务增长**

到家模式整合多边需求，实现多个参与方的价值收益和体验改善，随着本地餐饮等企业数字化升级和外部因素 "无接触"需求推动，到家市场规模快速增长。

③ **高新技术加持即时零售**

线上+线下一体化模式经营常态化，为保证用户及时收到产品，平台利用互联网新技术打通物流"最后100米"，提高配送效率，赋能传统线下零售，即时配送的服务模式成为发展重点。

④ **新理念催生新合作模式**

本地生活平台与内容平台开创"即看、即点、即达"新合作模式，成为商家数字化升级的新机遇。

本章内容

- 01.模式演变与代表行业

- 02.生活经济领域商业化模式

- 03.生活经济典型应用分析

- 04.未来发展趋势

"在线预定+到店"与"即买即送"成为都市用户生活消费的重要方式，各相关行业随社会环境的变化，多元化满足消费者需求

生活经济行业及场景分类

Source：QuestMobile研究院，2022年10月。

市场领域发展历程

	到店场景	到家场景	新零售场景
	2003年—	2013年—	2017年—
标志事件	• 2003年，大众点评上线 • 2009年，饿了么上线 • 2010年，美团网、糯米网、丁丁优惠上线 • 2011年，美团网获得5000万美元B轮融资	• 2013年e家洁、阿姨来了等家政O2O、泰迪洗涤、e袋洗等送洗O2O上线 • 2015年，新口碑品牌和业务重启 • 2015年，美团网与大众点评合并	• 2018年，美团正式上线美团闪购业务 • 2018年，口碑和饿了么合并 • 2019年，美团正式推出新品牌"美团配送"；饿了么宣布旗下即时物流平台蜂鸟品牌独立，并升级品牌名为蜂鸟即配
阶段特征	• 拓展餐饮、娱乐、电影、婚庆等，各类本地服务场景逐渐线上化 • 互联网与服务经济融合，由服务C端拓展至B端，从加强外部用户与商户连接到提升内部生产和管理效率	• 到店餐饮消费外的增量市场，餐饮外卖高速发展，刚需高频服务，让餐饮服务初步具备零售性质 • 非刚需类上门服务平台逐渐关闭，如上门洗车；上门跑腿业务在消费者即时需求下飞速成长	• 从美食扩展到生鲜、日用百货等其他零售品类，外卖零售化 • 餐饮数字化，如手机点单、SaaS、智慧餐厅；餐饮零售化，如西贝甄选、海底捞方便小火锅等；零售餐饮化，如盒马鲜生
代表性平台	大众点评　美团网　糯米网 猫眼　淘票票	58同城　大众点评 美团　美团外卖　饿了么	饿了么　口碑 美团　美团外卖　美团配送

生活经济行业发展历程

Source：QuestMobile研究院，2022年10月；根据公开资料整理。

2022年8月，本地生活APP行业月活用户规模突破5亿，且流量持续增长

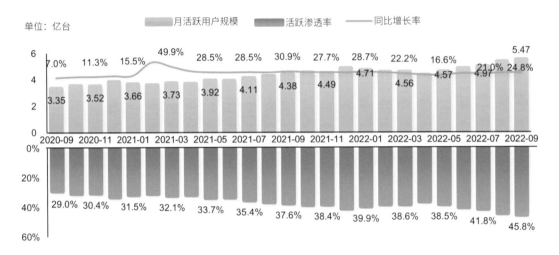

本地生活APP行业月活跃用户规模趋势

Source: QuestMobile TRUTH 中国移动互联网数据库，2022年9月。

随着消费者对外卖配送时效性要求提高，平台配送中智能化、高科技产品投入运用，使得用户外卖服务体验升级，用户规模在2022年经历过下降后稳步提升

外卖服务APP行业月活跃用户规模趋势

Source: QuestMobile TRUTH 中国移动互联网数据库，2022年9月。

用户对于"送货上门"服务需求过旺，快递物流企业通过细化产品结构、丰富物流场景加码"送货上门"服务，满足供应链上用户个性化的需求，用户活跃规模提升

快递物流APP行业月活跃用户规模趋势

Source: QuestMobile TRUTH 中国移动互联网数据库，2022年9月。

随着商家线上+线下一体化经营下，用户足不出户便可快速收到新鲜菜品，为用户宅家边看菜谱边解锁做饭提供便利途径

美食菜谱APP行业月活跃用户规模趋势

Source: QuestMobile TRUTH 中国移动互联网数据库，2022年9月。

本章内容

- 01.模式演变与代表行业

- 02.生活经济领域商业化模式

- 03.生活经济典型应用分析

- 04.未来发展趋势

消费升级及服务线上化趋势下，到店业务模式向本地更多垂类业领域渗透

到店业务商业模式

Source：QuestMobile研究院，2022年10月；根据公开资料整理。

伴随数字化经济的发展，到店业务市场规模持续加速，堂食、商超、电影为用户主要的到店消费项目

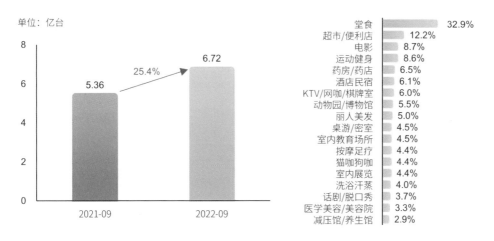

| 到店行业应用全景流量 | 近半年内参与的到店消费项目 |

注：1.到店行业应用包含到店行业APP、到店行业小程序。2.右图调研问题为：请问，近半年内您主要通过生活服务类APP查看推荐、进行查询、参与消费是以下哪些到店消费项目？（多选）N=5000。

Source：QuestMobile TRUTH全景生态流量数据库，2022年9月；Echo快调研 2022年10月。

主要受到疫情、店铺关门、涨价等因素的影响，堂食、电影这类典型到店消费项目，用户到店频率减少

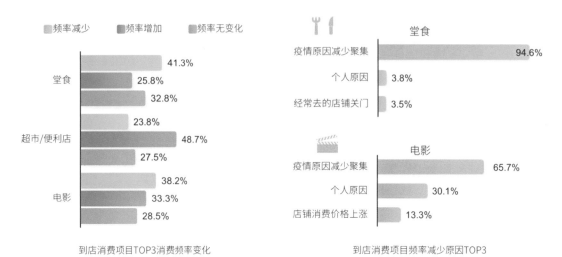

到店消费项目TOP3消费频率变化　　　　　　　　到店消费项目频率减少原因TOP3

注：1.左图调研问题为：请问，与2021年相比，您参与的到店消费项目频率变化是？（多选）N=1645/N=608/N=435。右图调研问题为：请问，您参与以下到店消费项目频率减少的原因是什么呢？（多选）N=680/N=166。
Source：QuestMobile Echo快调研，2022年10月。

餐饮纾困政策推动餐饮服务恢复，保障餐饮企业经营回暖

时间	名称	主要内容
2021.3	"十四五"规划	坚持扩大内需战略基点，加快培育完整内需体系，把实施扩大内需战略同深化供给侧改革有机结合起来
2021.12	中央经济工作会议	实施扩大内需战略，增强发展内生动力，打通生产、分配、流通、消费各环节
2022.2	《关于促进服务业困难行业恢复发展的若干政策》	引导外卖等互联网平台企业进一步下调餐饮业商户服务费标准，降低相关餐饮企业经营成本，拓宽餐饮企业多元化融资渠道
2022.3	《关于做好2022年服务业小微企业和个体工商户房租减免工作的通知》	对2022年被列为疫情中高风险地区所在县级行政区域内承租中央企业房屋的服务业小微企业和个体工商户减免当年6个月租金
2022.4	国务院常务会议	对特困行业实行阶段性缓缴养老保险费政策，加大失业保险支持稳岗和培训力度

2021&2022年 部分内循环及餐饮纾困政策

Source：QuestMobile研究院，2022年10月；根据公开资料整理。

商家进行品牌升级、推出刚需技能课程、提供精神释压场所，利用多元策略吸引用户到店消费

到店场景下商家相关布局

注：右图调研问题为：请问，您选择去撸猫/撸狗的原因是什么呢？（多选）N=219。
Source：QuestMobile TRUTH中国移动互联网数据库，2022年9月；Echo快调研 2022年10月。

随着本地生活多领域服务线上化，到店市场规模2021年突破2000亿元

单位：亿元

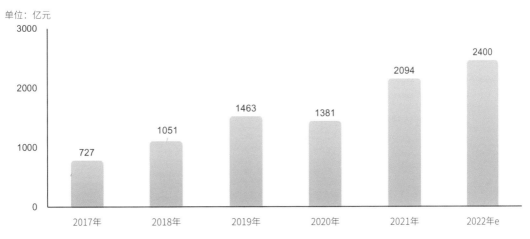

到店市场规模变化趋势

注：基于财报等公开资料，QM市场规模测算模型所得（到店市场不含酒旅类板块）。
Source：QuestMobile研究院，2022年10月；根据公开资料整理。

到家模式整合多边需求，实现多个参与方的价值收益和体验改善

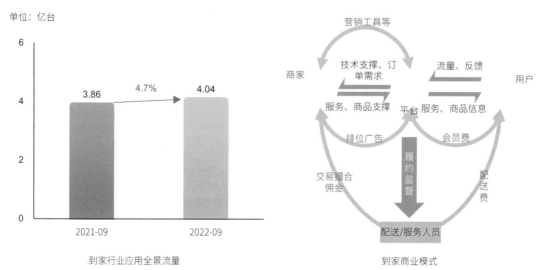

到家行业应用全景流量 · 到家商业模式

注：到家行业应用包含到家行业APP、到家行业小程序。
Source: QuestMobile 全景生态流量数据库，2022年9月。

外卖服务行业规模增长，用户在平台中不局限订购美食外卖，蔬菜水果、日用百货、零食酒水、鲜花绿植等生活急需品也成为用户订购的热门商品

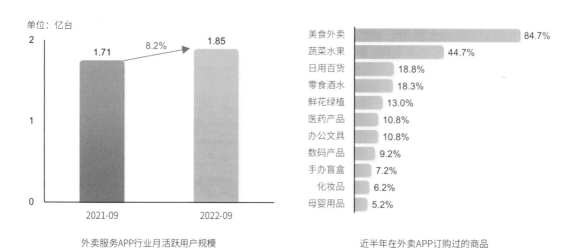

外卖服务APP行业月活跃用户规模 · 近半年在外卖APP订购过的商品

注：右图调研问题为：请问，近半年内，您在外卖APP中订购过哪些商品呢？（多选）N=3146。
Source: QuestMobile TRUTH中国移动互联网数据库，2022年9月；Echo快调研 2022年10月。

零售数字化快速发展，用户对消费便利性、配送及时性的需求增长。生活服务平台扩展即时零售业务，利用互联网高新技术提高配送效率，赋能传统线下零售

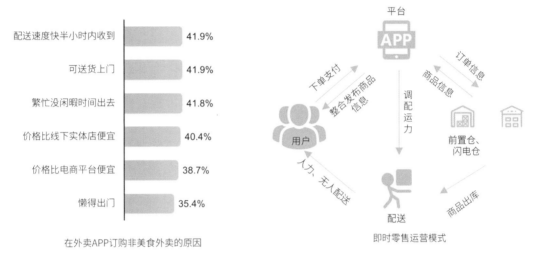

在外卖APP订购非美食外卖的原因

即时零售运营模式

注：左图调研问题为：请问，您在外卖APP中订购非美食外卖的原因是什么呢？（多选）N=2372。
Source：QuestMobile Echo快调研，2022年10月。

本地餐饮等企业进一步加速数字化升级，外加疫情环境下"无接触"需求推动，到家市场规模快速增长，2021年突破1万亿元

单位：亿元

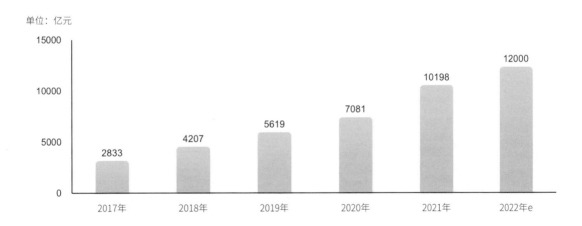

到家市场规模变化趋势

注：基于财报等公开资料，QM市场规模测算模型所得（主要为餐饮外卖类市场，未包含社区零售）。
Source：QuestMobile研究院，2022年10月；根据公开资料整理。

本章内容

生活经济行业TOP APP流量以持续活跃用户为主，TOP20中有90%的APP持久力超50%

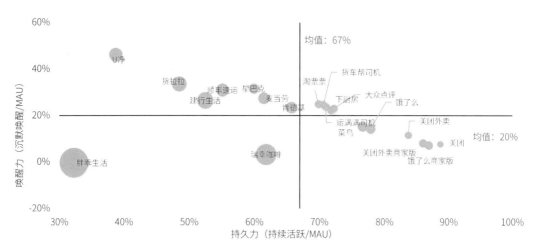

2022年9月 生活经济行业TOP20 APP ARR三力拆分

注：气泡大小为成长力，指新安装活跃规模/MAU。横轴为持久力，指持续活跃规模/MAU，其中持续活跃指T月活跃，在T-1月
　　也活跃。纵轴为唤醒力，指沉默唤醒规模/MAU，其中沉默唤醒指T月活跃，但在T-1月不活跃且未卸载。
Source：QuestMobile TRUTH 中国移动互联网数据库，2022年9月。

美团系、饿了么APP的持久力排名列前十，表明月活跃用户中，超70%用户上月亦在活跃，凸显用户持续使用的黏性

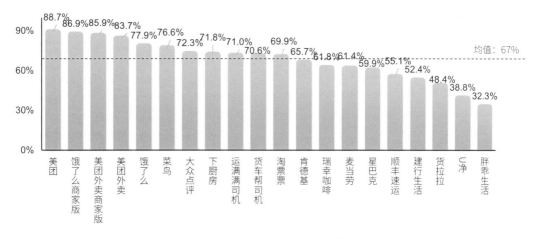

2022年9月 生活经济TOP20 APP 持久力占比

注：持久力，指持续活跃规模/MAU，其中持续活跃指T月活跃，在T-1月也活跃。
Source：QuestMobile TRUTH 中国移动互联网数据库，2022年9月。

典型本地生活APP中，流量规模呈增长趋势，其中美团APP占据大部分流量，行业格局尽显

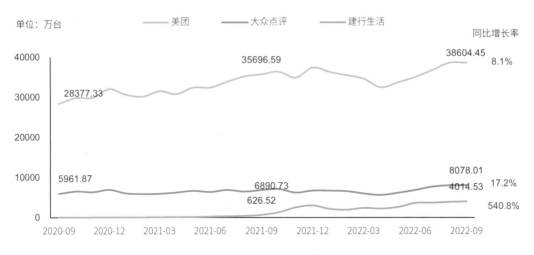

本地生活行业APP月活跃用户规模TOP3

Source：QuestMobile 全景生态流量数据库，2022年9月。

用户除在美团系、口碑等本地生活平台团券，还到短视频、地图导航、网上银行平台上购买优惠券，且美团APP用户在典型行业中渗透也有所提升

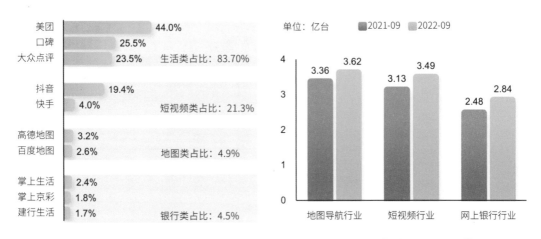

注：左图调研问题为：请问，近半年内，您用手机主要通过哪个平台团购美食类代金券、兑换券？（多选）N=1645。
Source：QuestMobile TRUTH 中国移动互联网数据库，2022年9月；Echo 快调研 2022年10月。

美团深入发展为各垂直服务领域提供强大增长动能，强化行业布局，优化商业模式

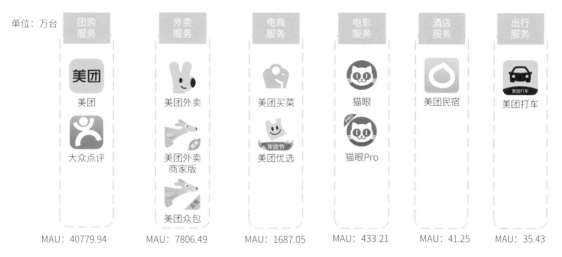

2022年9月 美团系典型APP流量布局（生活服务/移动购物/旅游服务/出行服务）

Source: QuestMobile TRUTH中国移动互联网数据库，2022年9月。

"懒人经济"下，人们对外卖需求的同比增长率逐步提升，部分典型平台流量较2021年同期提升

外卖服务行业APP月活跃用户规模TOP5

Source: QuestMobile TRUTH中国移动互联网数据库，2022年9月。

外卖平台除与餐饮合作外，进一步拓展合作领域，与健身品牌、彩妆品牌联名造势。饿了么在近3月内持续推出免单系列活动，促进用户活跃

2022年外卖服务平台典型营销活动

Source：QuestMobile研究院，2022年10月；根据公开资料整理。

美团外卖微信小程序流量高于APP端，而饿了么APP端是流量的主要来源，平台通过布局多流量入口促进用户持续活跃

典型外卖服务应用分析

注：各渠道流量规模占比＝该渠道用户量/去重总用户量，其中各渠道流量占比低于1%的渠道未做显示。
Source：QuestMobile TRUTH全景生态流量数据库，2022年9月。

相比而言，美团外卖、饿了么APP端用户25～35岁、高线级用户更为活跃，小程序端以轻巧、使用方便的优点，深受下沉城市的46岁以上中老年用户喜爱

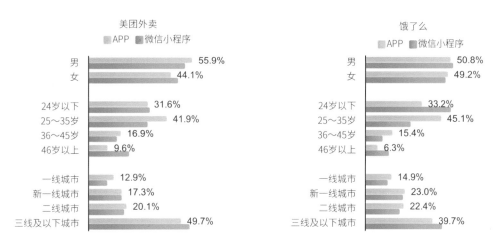

2022年9月 典型外卖服务APP端与微信小程序端用户画像分布

注：下沉城市指三线及以下城市。
Source：QuestMobile TRUTH全景生态流量数据库，2022年9月；GROWTH用户画像标签数据库，2022年9月。

物品到家模式的运转离不开快递物流的重要支撑，小程序即点即用的便捷化方式吸引更多用户使用，成为快递物流的主要流量入口

典型快递物流应用分析

注：各渠道流量规模占比＝该渠道用户量／去重总用户量，其中各渠道流量占比低于1%的渠道未做显示。
Source：QuestMobile TRUTH全景生态流量数据库，2022年9月。

随着人们对健康饮食、食品安全意识的提升，上网学美食成为用户追求品质生活的重要途径，以新中产为代表的学做菜群体对美食菜谱类偏好显著

典型美食菜谱应用分析

注：1.新中产人群指年龄在25～40岁之间，身处三线及以上城市，线上消费能力在1000元及以上，线上消费意愿为中、高的人群。
2.TGI=目标人群中某个APP媒介的月活跃渗透率/全网中该APP媒介的月活跃渗透率×100。3.各渠道流量规模占比=该渠道用户量/去重总用户量，其中各渠道流量占比低于1%的渠道未做显示。
Source：QuestMobile TRUTH中国移动互联网数据库，2022年9月；TRUTH全景生态流量数据库，2022年9月。

本章内容

- 01.模式演变与代表行业

- 02.生活经济领域商业化模式

- 03.生活经济典型应用分析

- 04.未来发展趋势

生活经济行业发展趋势

1　"即看、即点、即达"的新本地生活模式下，消费者可边看视频边点外卖

- 2021年12月底，美团和快手达成战略合作，双方基于快手开放平台打通内容场景营销、在线交易及线下履约服务能力，两大平台互通互联，共同为用户创造"一站式"完整消费链路；

- 2022年8月，饿了么和抖音合作，饿了么基于抖音开放平台，以小程序为载体，为用户提供从内容种草、在线点单、即时配送的本地生活新服务。本地生活平台与短视频平台的互联互通，将成为商家数字化升级的新机遇。

2　即时零售使得平台和线下零售商形成"1+1>2"的效应，将成为生活服务新风口

- 2022年7月，商务部官网发布《2022年上半年中国网络零售市场发展报告》，首次明确提及了"即时零售"的概念，指出该业态在"线上线下深度融合"发挥的重要作用。

- 随着消费者消费新升级，对时间、效率和体验的要求提升，当下线上+线下一体化模式经营常态化，即时配送的服务模式成为生活服务平台大力发展重点。

Source: QuestMobile研究院，2022年10月；根据公开资料整理。

第十篇章

社交裂变

领域定义：社交裂变是一种营销、人群传播模式，指通过人与人之间的社交关系，促进产品传播、用户增长，其核心点在于通过现实奖励(如价格优惠、现金回馈或能兑换现金的积分等)的方式激励用户从而形成裂变。

本篇核心观点

①　传播媒介多元、垂直化

社交裂变发展进入传统商业借助互联网营销的3.0时代，重要传播媒介移动社交行业进入多元化的发展期，社交平台呈现垂直化的发展趋势。

②　社交关系差异化导致商业模式差异化

社交关系可基于用户之间的黏性分为强社交关系、弱社交关系和陌生人社交关系，分别对应熟人社交、泛兴趣社交以及游戏社交APP产品，各类型社交产品呈现出多元的商业化模式。

③　头部移动社交APP三力表现突出

由于用户社交目的有差异，不同社交APP的三力优势点不同，具体表现为微信等熟人社交的持久力、微博等泛兴趣社交的唤醒力以及陌陌等陌生人社交的成长力。

④　移动社交长期是互联网流量的集中点

QuestMobile数据显示，社交流量对互联网的流量贡献度长期处于96%以上，渗透常年居互联网前三位。

本章内容

● 01.行业模式与演变现状

● 02.移动社交商业化发展

● 03.社交裂变典型应用分析

● 04.未来发展趋势

社交裂变发展演变历程：红包转发–分销–传统商业互联网营销

社交裂变发展演变历程

Source：QuestMobile研究院，2022年10月；根据公开资料整理。

社交裂变模式分析：社交裂变运营方通过设计策划，采取多样性的有趣有利的裂变模式，给予用户激励，刺激种子用户进行社交分享，进而实现裂变用户转化为平台新用户

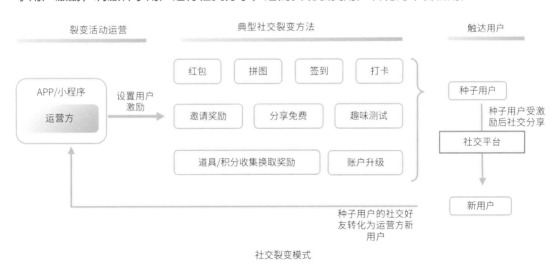

社交裂变模式

Source：QuestMobile研究院，2022年10月；根据公开资料整理。

移动社交平台是社交裂变的重要传播媒介

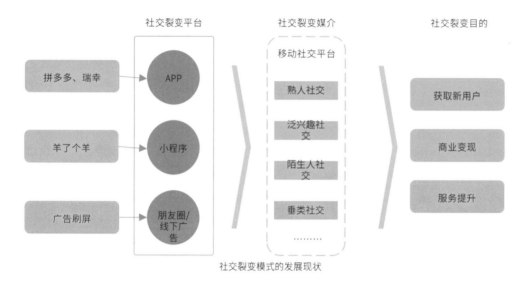

Source: QuestMobile研究院，2022年10月；根据公开资料整理。

移动社交发展历程：论坛化-移动化-现象化-多元化

Source: QuestMobile研究院，2022年10月；根据公开资料整理。

移动社交行业图谱

Source：QuestMobile 研究院，2022年10月；根据公开资料整理。

社交裂变增长案例：拼多多通过红包、拼团、砍价、分销等方式激励用户，依托微信等熟人社交平台，实现目标用户群快速覆盖

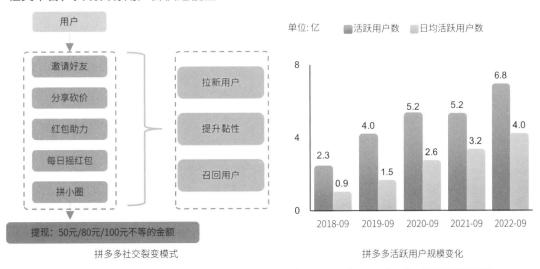

拼多多社交裂变模式 　　　　　　　拼多多活跃用户规模变化

Source：QuestMobile TRUTH中国移动互联网数据库，2022年9月；研究院，2022年10月；根据公开资料整理。

社交裂变增长案例：羊了个羊凭借高难度的通关机制，刺激用户频繁尝试、分享获取游戏道具，实现短时间内的社交裂变

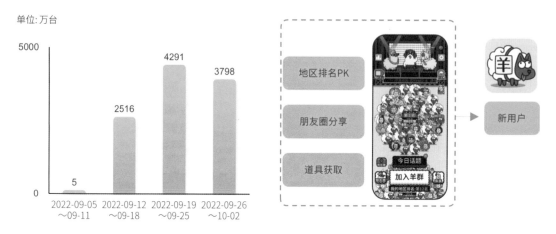

羊了个羊微信小程序日均活跃用户规模　　　　　　　微信小程序羊了个羊社交裂变模式

Source: QuestMobile TRUTH 中国移动互联网数据库，2022年9月；研究院，2022年10月；根据公开资料整理。

【行业流量】社交流量渗透常年居互联网前三位，对互联网的流量贡献度长期处于96%以上

移动社交行业月活跃用户规模

Source: QuestMobile TRUTH 中国移动互联网数据库，2022年9月。

【行业黏性】自2020年以来，移动社交行业受到以长短视频的冲击，用户部分注意力转移，用户黏性有所下降

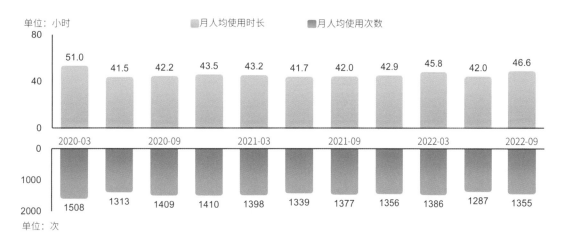

移动社交行业活跃用户黏性情况

Source：QuestMobile TRUTH 中国移动互联网数据库，2022年9月。

用户社交关系数量存在上限，随着亲疏层级的提升，需要更高的互动频率来增加和维持信任，进而造成不同类型社交形成差异化黏性

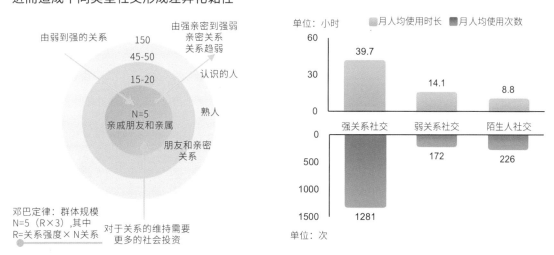

2022年9月 各社交类型APP用户黏性

Source：QuestMobile TRUTH 中国移动互联网数据库，2022年9月；研究院，2022年10月；根据公开资料整理。

强关系社交的用户互动链条短，并形成闭环，用户之间的互动频率高，保证强关系社交的黏性高于其他社交类型

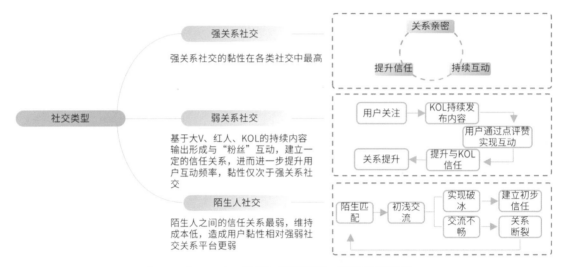

Source：QuestMobile研究院，2022年10月；根据公开资料整理。

本章内容

● 01.行业模式与演变现状

● 02.移动社交商业化发展

● 03.社交裂变典型应用分析

● 04.未来发展趋势

社交平台营销发展

社交平台的商业化发展中，头部的熟人社交产品商业化模式成熟稳定；中腰部的泛兴趣社交更多往垂直细分领域发展探索，正在探索适合的商业化道路；新兴的游戏社交平台，是面向年轻用户的圈层化社交，并结合新技术进行创新，自身商业化模式单一。

Source：QuestMobile研究院，2022年10月；根据公开资料整理。

熟人社交平台：微信通过朋友圈、公众号、小程序以及视频号构建自身多样化商业模式

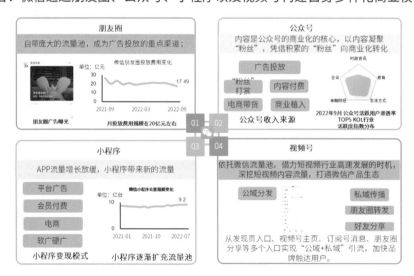

微信主要模块的商业模式

Source：QuestMobile研究院，2022年10月；NEW MEDIA 新媒体数据库，2022年9月。

泛兴趣社交：高流量的综合社交平台，缺乏流量的转化口，更多依赖广告变现

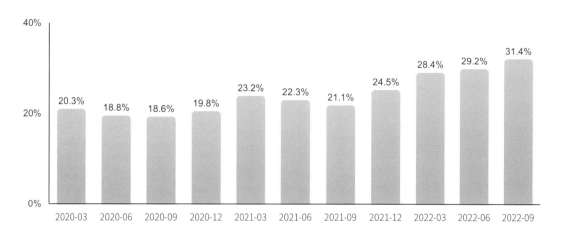

典型泛兴趣社交APP线上广告收入占网络社交行业线上广告收入比例

注：线上广告收入指相关APP通过广告主在其平台上投放硬广带来的收入。
Source: QuestMobile AD INSIGHT广告洞察数据库，2022年9月。

泛兴趣社交：典型平台开始寻求其他商业变现模式，以摆脱对广告变现的依赖

泛兴趣社交平台
典型商业化布局
（除广告外）

会员付费方面，推出星球APP，强调更垂直化与精准化的社区生态，力求带动用户为其会员栏目付费；内容付费方面，微博推出自媒体打赏功能，部分微博内容需通过付费的形式来获取。

主要业务包括广告、付费会员、商业内容解决方案、其他（在线教育、电商等）；内容方面："知乎live""付费咨询""盐选会员"以及"视频"，知乎通过内容场景来刺激平台付费会员收入增长。

正在内测的社交电商项目"小红店"，力图通过社区电商的模式推动平台的商业化进程，小红书正试图构建"达人营销"+"直播电商"+"自营电商"的商业化模式

Source: QuestMobile研究院，2022年10月；根据公开资料整理。

陌生人社交平台：陌陌、探探开放直播、短视频等社交场景，探索更多的商业可行性

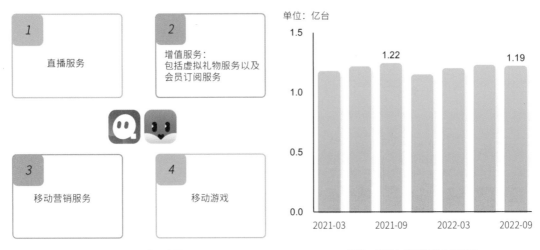

挚文集团主要收入来源　　　　　　　　陌陌、探探去重活跃用户数情况

Source：QuestMobile TRUTH 中国移动互联网数据库，2022年9月；研究院，2022年10月；根据公开资料整理。

游戏社交平台：TapTap成为头部游戏的重要下载渠道

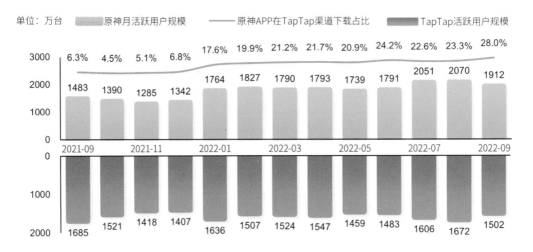

原神APP及TapTap APP月活跃用户规模情况

Source：QuestMobile TRUTH 中国移动互联网数据库，2022年9月。

本章内容

- 01.行业模式与演变现状

- 02.移动社交商业化发展

- 03.社交裂变典型应用分析

- 04.未来发展趋势

移动社交行业TOP APP持久力表现突出，TOP20中超半数的APP持久力在70%以上

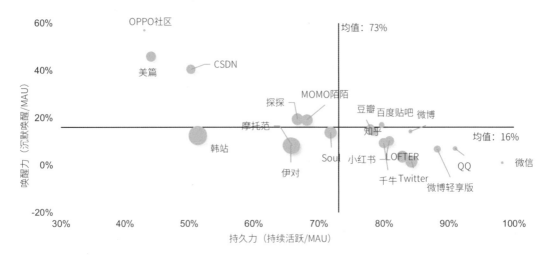

2022年9月 移动社交行业TOP20 APP ARR三力模型分布

注： 气泡大小为成长力，指新安装活跃规模/MAU。横轴为持久力，指持续活跃规模/MAU，其中持续活跃指T月活跃，在T－1月
也活跃。纵轴为唤醒力，指沉默唤醒规模/MAU，其中沉默唤醒指T月活跃，但在T－1月不活跃且未卸载。
Source： QuestMobile TRUTH 中国移动互联网数据库，2022年9月。

综合社交：熟人社交平台APP流量高于泛兴趣社交平台

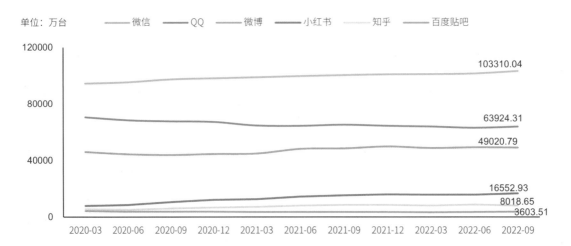

综合社交典型APP月活跃用户规模

Source： QuestMobile TRUTH 中国移动互联网数据库，2022年9月。

在移动社交行业TOP20 APP中，微信的持久力在98%以上，活跃用户持续使用；QQ、微博、小红书、知乎、贴吧等综合社交平台的持久力均在78%以上

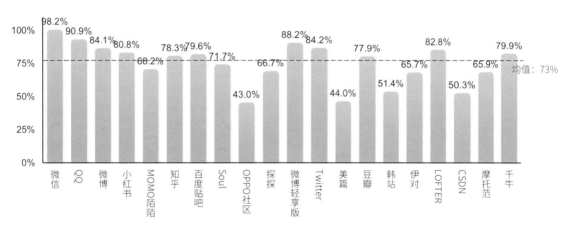

2022年9月 移动社交TOP20 APP持久力占比

注：持久力，指持续活跃规模/MAU，其中持续活跃指T月活跃，在T−1月也活跃。照APP MAU排序。
Source： QuestMobile TRUTH中国移动互联网数据库，2022年9月。

移动社交行业TOP3 APP中，微博唤醒力突出，实时讯息、行业热搜有效刺激"40岁以上、三线及以下城市用户"沉默回流

2022年9月 移动社交TOP3 APP唤醒力占比

	微博唤醒用户	微博APP用户
男	50.6%	45.1%
女	49.4%	54.9%
24岁以下	26.4%	32.5%
25～30岁	17.0%	22.7%
31～35岁	16.1%	19.3%
36～40岁	10.0%	10.4%
41～45岁	4.9%	3.3%
46～50岁	9.4%	5.4%
51岁以上	16.1%	6.5%
一线城市	6.3%	10.6%
新一线城市	12.3%	18.0%
二线城市	13.9%	18.0%
三线城市	27.6%	23.6%
四线城市	20.4%	15.9%
五线及以下城市	19.5%	13.8%

注：唤醒力，指沉默唤醒规模/MAU
Source： QuestMobile TRUTH中国移动互联网数据库，2022年9月；GROWTH用户画像标签数据库，2022年9月。

KOL对比：相较于小红书、公众号，微博的"粉丝"更加集中化，但活跃不集中，微博自身的"热点、资讯聚集平台"属性，能够保证中腰部KOL也可以触达用户，刺激用户活跃

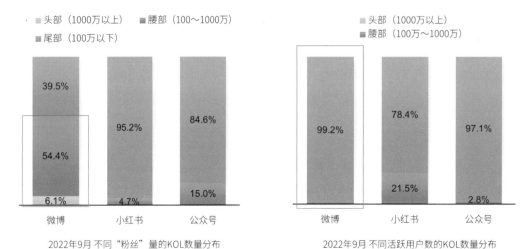

2022年9月 不同"粉丝"量的KOL数量分布　　2022年9月 不同活跃用户数的KOL数量分布

Source：QuestMobile NEW MEDIA 新媒体数据库，2022年9月。

陌生人社交：在移动社交TOP10 APP中，陌陌、探探、Soul的成长力明显高于其他APP，陌生人社交平台保证新用户的流入

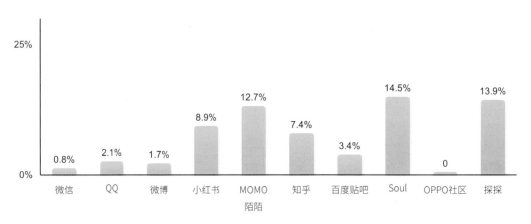

2022年9月 移动社交TOP10 APP成长力占比

注：成长力，指新安装活跃规模/MAU；按照APP MAU排序。

Source：QuestMobile TRUTH 中国移动互联网数据库，2022年9月。

陌生人社交平台通过广告营销投放，有效实现位于三线及以下城市的新用户流入转化

陌生人社交（陌陌、探探、Soul）广告投放费用情况　　　　2022年9月 陌生人社交平台拉新用户城际分布

Source: QuestMobile AD INSIGHT广告洞察数据库，2022年9月；GROWTH 用户画像标签数据库，2022年9月。

游戏社交平台中，以游戏工具、游戏社区为主要属性的TT语音、TapTap持久力占比超过70%，高于移动社交TOP20 APP均值

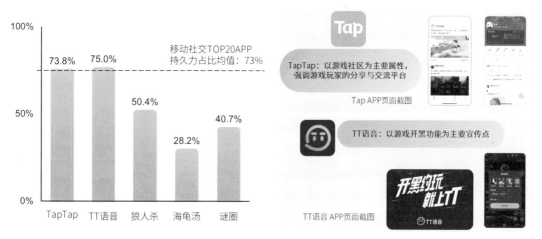

2022年9月 游戏社交平台典型APP持久力占比

注：持久力，指持续活跃规模/MAU；按照APP MAU排序。

Source: QuestMobile TRUTH 中国移动互联网数据库，2022年9月；研究院，2022年10月；根据公开资料整理。

本章内容

- 01.行业模式与演变现状

- 02.移动社交商业化发展

- 03.社交裂变典型应用分析

- 04.未来发展趋势

社交裂变
未来发展趋势

03 传播媒介的变化影响社交裂变的发展，移动社交平台向商业化、场景多元化的方向发展，刺激未来社交裂变的方式多样化、获客精准化、场景圈层化

02 元宇宙概念提出，成为社交领域发展的新方向，5G技术的完善赋能元宇宙社交场景建构

01 Z世代成为互联网消费的主力，社交领域逐渐强调泛娱乐社交，并触达视频、音乐、游戏等多领域用户

Source：QuestMobile研究院，2022年10月；根据公开资料整理。

第十一篇章

数字营销

本篇核心观点

1 **阶段1：增大曝光，扩展触达人群基数和收口**

营销数字化：数字化营销是近几年增长快速的营销赛道，企业营销向数字化转型；

造节营销：造节现已成为互联网平台固定的营销节点。

2 **阶段2：互动营销，流量增长**

国潮主题营销：国潮概念伴随国货崛起影响力快速扩大，成为一种新型的营销驱动力；

跨界营销：营销破圈是实现营销突破的典型方式；

社会化营销：社会化营销伴随社交媒介的发展而生，其裂变式快速传播的特点赋予其广阔的营销价值。

3 **阶段3：实现精准投放，提升广告转化效果**

信息流广告：信息流广告具有广告位充足、在内容信息间插入不易使用户反感、价位灵活等特征，为品牌提供了更多的曝光机会；

程序化广告：程序化广告精准、自动化、灵活的特点在精准营销方面具有明显优势，广告主对程序化广告的应用越发普遍。

4 **阶段4：注重转化、降低营销成本**

联合营销：联合营销旨在联合双方实现共同开发产品、共享渠道、促进销售的营销新模式，从而拓展更多样化的营销方式；

直播营销：直播营销经历过探索期，已向成熟阶段发展，现已成为品牌主营销的新阵地，其商业价值也受到品牌方的重视。

数字营销发展历程

国潮主题营销
品牌将中国本土元素融合进现代的品牌及产品中，挖掘中国本土独特性的营销方式

营销数字化
基于数字化多媒体渠道，实现营销精准化，营销效果可量化、数据化的一种高层次营销活动

社会化营销
利用社会化网络，在线社区或其他互联网协作平台媒体来进行营销，公共关系和客户服务维护开拓的一种方式

信息流广告
位于社交媒体用户的好友动态、或者资讯媒体和视听媒体内容流中的广告

联合营销
指两个或两个以上的企业为达到资源的优势互补、增强市场开拓、渗透与竞争能力，联合起来共同开发和利用市场机会的行为

造节营销
企业自发将非约定俗成的日子打造节日来宣传或促销，起到刺激消费、引起品牌关注度提升等效果

程序化广告
指利用技术手段进行广告交易和管理。广告主可以程序化采购媒体资源，并利用算法和技术自动实现精准的目标受众定向

直播营销
指以直播平台为载体，在现场随着事件的发生、发展进程，同时制作和播出节目的营销方式

跨界营销
根据不同行业、产品、偏好的消费者之间所拥有的共性和联系，把一些原本毫不相干的元素进行融合与渗透，彰显出一种新锐的生活态度与审美方式，赢得目标消费者好感的营销方式

Source：QuestMobile研究院，2022年10月。

本章内容

- 01. 增大曝光，扩展触达人群基数和收口

  关键词1：营销数字化

- 02. 互动营销，流量增长

- 03. 实现精准投放、提升广告转化效果

- 04. 注重转化、降低营销成本

数字化营销是近几年增长快速的营销赛道，企业营销向数字化转型，硬广投放随之增长

2019—2022年 中国互联网广告市场规模变化

注：参照公开财报数据，结合QuestMobile AD INSIGHT广告洞察数据库进行估算。广告形式为互联网媒介投放广告，不包括直播、
软植、综艺节目冠名、赞助等广告形式。
Source：QuestMobile研究院，2022年10月；AD INSIGHT广告洞察数据库，2022年9月。

短视频、社交、电商平台离生意场更近，有着更短的交易路径及高货币化率，这牵引着超级平台做支付、做电商，推动着广告向这些场域发展

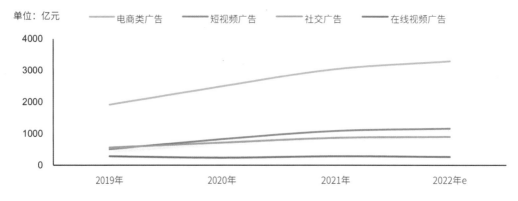

2019年—2022年 中国互联网典型媒介类型广告市场规模

注：1.参照公开财报数据，结合QuestMobile AD INSIGHT广告洞察数据库进行估算。广告形式为互联网媒介投放广告，不包括直
播、软植、综艺节目冠名、赞助等广告形式。2.互联网媒介渠道分类以QuestMobile TRUTH分类为基础，部分渠道依据广告形式
进行了合并，具体为：（1）社交广告、在线视频、短视频广告包含APP与QuestMobile TRUTH一致。（2）电商类广告包括电商
平台、生活服务平台。
Source：QuestMobile研究院，2022年10月；AD INSIGHT广告洞察数据库，2022年9月。

本章内容

- ● 01. 增大曝光，扩展触达人群基数和收口

  关键词2：造节营销

- ● 02. 互动营销，流量增长

- ● 03. 实现精准投放、提升广告转化效果

- ● 04. 注重转化、降低营销成本

造节营销始于淘宝首先提出的"双11"购物节，实现了消费者的集中购买，随后更多电商及互联网平台涌入，造节现已成为互联网平台固定的营销节点

发端	发展	演进	成熟
2009年	2010-2015年	2016-2020年	2021-至今

2009年淘宝商城提出"双11"购物节实现商家集中打折促销 2010年京东提出618购物节	电商行业爆发式增长品牌大量涌入电商平台 用户流量显著扩张推高交易规模	各行业纷纷效仿造节营销 安居客、58、宝宝树、贝壳、汽车之家、易车、微博等平台，造节成为标配	电商平台营销节点固定用户运营、货品运营等模式成熟

互联网平台造节营销发展历程

Source: QuestMobile研究院，2022年10月。

电商造节主要围绕平台自建节点（"双11""618"等），以及与节庆节日结合（年货节等）等形态，达成短期密集成交的营销效果

2020-2021年 非互联网行业在互联网广告投放费用月度占比

注：广告费用月度占比=月度广告投放费用/年度整体广告费用×100%。

Source: QuestMobile AD INSIGHT广告洞察数据库，2021年12月。

"618""双11"分别成为上下半年的固定购物狂欢节，GMV连续创新高，推动用户线上消费行为的养成

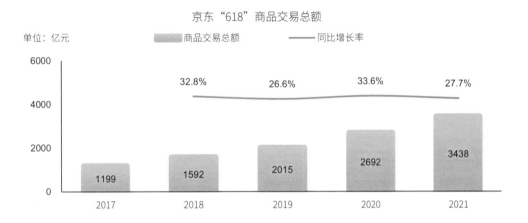

京东"618"商品交易总额

天猫"双11"商品交易总额

2017—2021年 典型电商平台关键大促节日商品交易总额

注：1.各平台大促期间商品交易总额为平台公开发布数据，并进行整理。2.京东"618"指6月1—18日，天猫"双11"，2017—2019年为11月11日当日，2020—2021年为11月1—11日。
Source：QuestMobile研究院，2022年10月；根据公开资料整理。

本章内容

- **01. 增大曝光，扩展触达人群基数和收口**

- **02. 互动营销，流量增长**

  关键词3：国潮主题营销
  民族自信的提升是国潮营销的基础，国货品牌借力国潮打造
  品牌形象

- **03. 实现精准投放、提升广告转化效果**

- **04. 注重转化、降低营销成本**

国潮概念伴随国货崛起影响力快速扩大，成为一种新型的营销驱动力

国潮发展典型阶段特征示意图

Source：QuestMobile研究院，2022年10月。

电商平台配合品牌打造"国潮节"，并通过设计与文案突出品牌国潮化风格，卡位营销心智

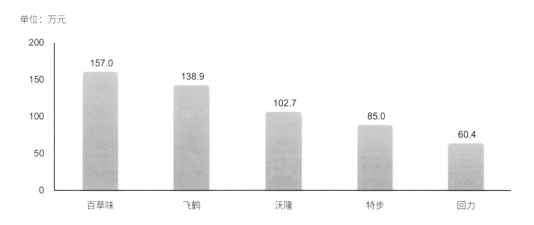

2022年 典型品牌投放"国潮"素材广告费用

注：1.数据周期为2022年1—4月。2.典型品牌依据品牌对国潮营销的参与度及广告投放规模选取。3.国潮素材指广告标题中带有"国潮"关键字的广告素材。
Source：QuestMobile AD INSIGHT广告洞察数据库，2022年4月。

本章内容

● **01. 增大曝光，扩展触达人群基数和收口**

● **02. 互动营销，流量增长**

　　关键词4：跨界营销
　　营销破圈是实现营销突破的典型方式

● **03. 实现精准投放、提升广告转化效果**

● **04. 注重转化、降低营销成本**

品牌以跨界的方式进入目标用户群体的典型场景，快速扩大品牌影响力，提高营销效率

单位：万次

汽车品牌参展Chinajoy事件在内容平台的传播互动量

汽车品牌参展Chinajoy事件触达人群画像

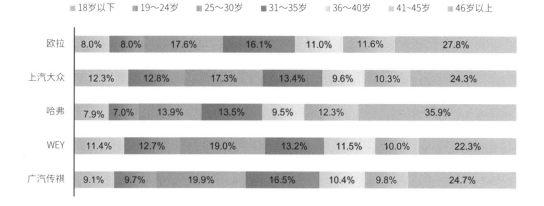

典型行业跨界营销示例

注： 1.ChinaJoy期间指2021年7月30—8月2日。2.品牌受众指在统计周期内，在指定KOL平台中浏览或关注过目标KOL发布内容的去重用户。3.监测范围为抖音、快手、微博、小红书、哔哩哔哩、公众号上活跃用户数在500万以上的KOL发布的汽车品牌+ChinaJoy关键词的内容。
Source： QuestMobile GROWTH用户画像标签数据库，2021年8月。

本章内容

- 01. 增大曝光，扩展触达人群基数和收口

- 02. 互动营销，流量增长

  关键词5：社会化营销
  社会化营销伴随社交媒介的发展而生，其裂变式快速传播的
  特点赋予其广阔的营销价值

- 03. 实现精准投放、提升广告转化效果

- 04. 注重转化、降低营销成本

社会化营销伴随社交媒介的发展而生，具有裂变式快速传播的特点

✓ 信息碎片化的背景下，用户与品牌官方信息渠道的距离变远

✓ 用户更倾向于在社交媒介分享产品/服务使用经历，而不是反馈给品牌

品牌端

营销变化：

- 品牌需借助大数据追踪、分析、识别传播路径关键点
- 营销时注重创造与用户互动机会积累私域数据
- 精准识别用户促进转化

✓ 品牌需关注的营销入口变多

✓ 用户群体随着KOL/KOC群体的扩充与垂化而不断细分，营销难度提升

用户端

媒介端

✓ 用户触媒习惯变化：越发向社交媒介倾斜

✓ 具有社交属性的媒介越来越多，用户获取信息途径不断丰富

社会化营销模式特征及变化示意图

Source：QuestMobile研究院，2022年10月。

社交媒介随着用户规模不断扩大，其社会化营销价值不断提升

单位：万台

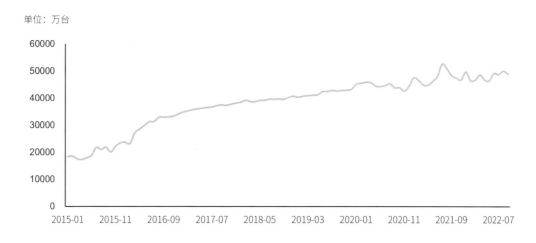

2015年1月—2022年9月 典型社交媒介微博月活跃用户规模

Source：QuestMobile TRUTH中国移动互联网数据库，2022年9月。

本章内容

- 01. 增大曝光，扩展触达人群基数和收口

- 02. 互动营销，流量增长

- 03. 实现精准投放、提升广告转化效果

  关键词6：信息流带动了广告效果，
  扩展了广告池和素材库

- 04. 注重转化、降低营销成本

信息流广告具有广告位充足、在内容信息间插入不易使用户反感、价位灵活等特征，为品牌
提供了更多的曝光机会

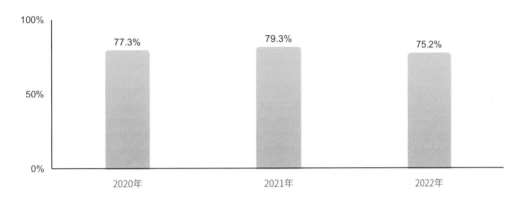

2020—2022年互联网广告中信息流广告占比变化

注：2020年和2021年数据为1—12月数据，2022年数据为1—9月数据。
Source：QuestMobile AD INSIGHT 广告洞察数据库，2022年9月。

内容属性强的媒介能够承载更多的信息流广告，媒介普遍提升内容建设的特征为信息流广告
的发展提供更广阔的空间

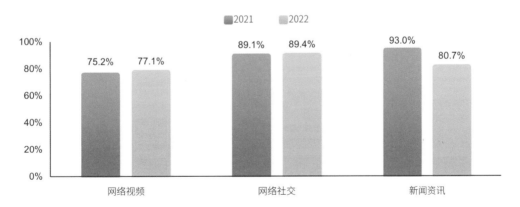

2022年1—9月品牌投放典型媒介行业广告中信息流广告费用占比同比变化

注：1.2021年与2022年数据的数据周期均为1—9月。
2.典型媒介行业依据2022年1—9月品牌累计投放广告费用选取TOP3媒介行业。
Source：QuestMobile AD INSIGHT 广告洞察数据库，2022年9月。

本章内容

- ● **01. 增大曝光，扩展触达人群基数和收口**

- ● **02. 互动营销，流量增长**

- ● 03. 实现精准投放、提升广告转化效果

  关键词7：程序化广告（精准营销）

- ● **04. 注重转化、降低营销成本**

程序化广告产业图谱

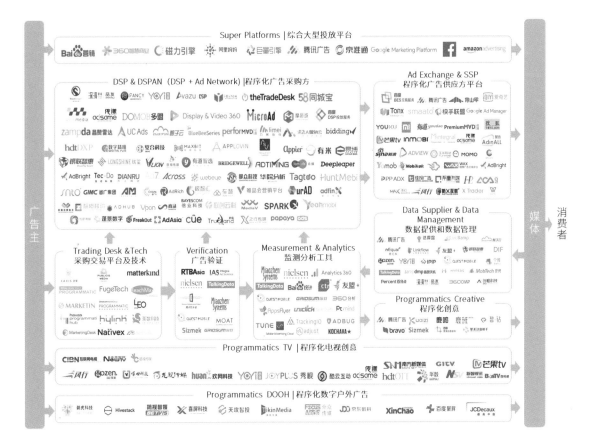

Source：QuestMobile研究院，2022年10月；根据公开资料整理。

头部广告平台依托庞大的企业流量资产和成熟的算法，通过精准分发实现资源的精细化分割与售卖

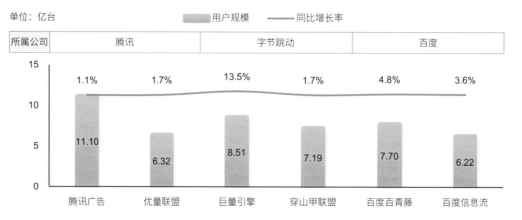

2021年12月 典型广告平台流量规模

注：各ADX&SSP平台所覆盖的媒介范围为QuestMobile AD INSIGHT广告洞察数据监测到的平台所覆盖的2020年全年有广告曝光的媒介，包含平台第三方流量，用户规模为去重的规模。
Source：QuestMobile TRUTH 中国移动互联网数据库，2021年12月。

程序化广告精准、自动化、灵活的特点在精准营销方面具有明显优势，广告主对程序化广告的应用越发普遍

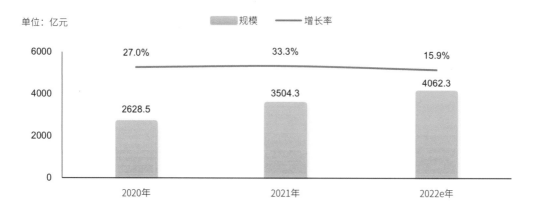

2020—2022年中国互联网广告平台广告收入规模

注：1.广告平台包括穿山甲、巨量引擎、百度百青藤、腾讯优量汇等。 2.参照公开财报数据，结合QuestMobile AD INSIGHT广告洞察数据库进行估算。
Source：QuestMobile 研究院，2022年10月；AD INSIGHT 广告洞察数据库，2022年9月。

尤其竞争激烈、营销活跃的行业更倾向于借助程序化投放提高营销效率

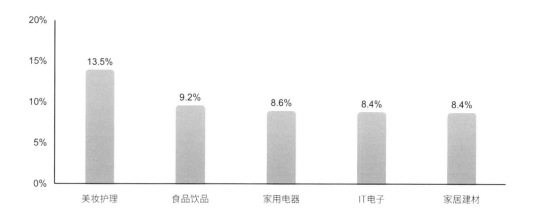

2022年9月 采用程序化投放的广告主数量的行业分布TOP5

注： 1.广告平台包括穿山甲、巨量引擎、百度百青藤、腾讯优量汇等。 2.广告主数量的行业分布依据QuestMobile AD INSIGHT广告洞察数据库数据进行计算。
Source： QuestMobile AD INSIGHT 广告洞察数据库，2022年9月。

本章内容

- 01. 增大曝光，扩展触达人群基数和收口

- 02. 互动营销，流量增长

- 03. 实现精准投放、提升广告转化效果

- 04. 注重转化、降低营销成本

  关键词8：联合营销

联合营销旨在联合双方实现共同开发产品、共享渠道、促进销售的营销新模式，从而拓展更多样化的营销方式

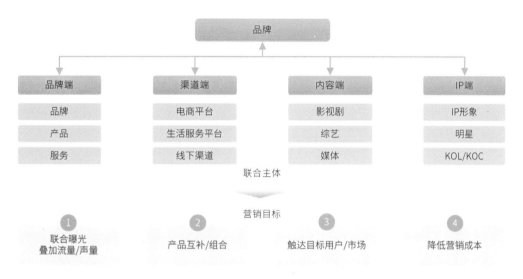

典型联合营销方式概览图

Source: QuestMobile 研究院，2022年11月。

联合营销逐渐成为品牌营销标配，联合渠道共同引流更加突出

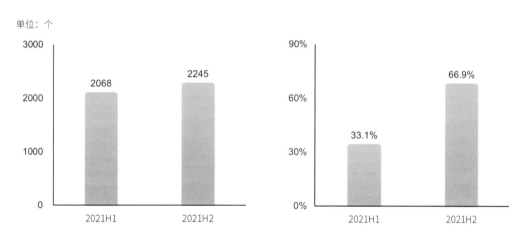

2021年上半年与下半年投放联合渠道广告的品牌数量对比　　　　2021年品牌投放联合渠道广告费用半年度分布

注：1.联合渠道广告指品牌投放的广告素材中除带有本品牌信息外，还带有明确的电商/线下商超等渠道信息的广告。
　　2.半年度分布指品牌上半年/下半年投放的联合广告费用占品牌年度投放的联合广告费用的比例。
Source: QuestMobile AD INSIGHT广告洞察数据库，2021年12月。

本章内容

- **01. 增大曝光，扩展触达人群基数和收口**

- **02. 互动营销，流量增长**

- **03. 实现精准投放、提升广告转化效果**

- **04. 注重转化、降低营销成本**
  关键词9：直播营销

直播营销经历过探索期,已向成熟阶段发展,现已成为品牌主营销的新阵地,其商业价值也受到品牌方的重视

直播营销发展历程

Source: QuestMobile研究院,2022年10月。

直播电商格局变迁为品牌带来重新布局机会,品牌自播、布局特色化垂类主播帮助品牌持续增长的同时减少流量依赖

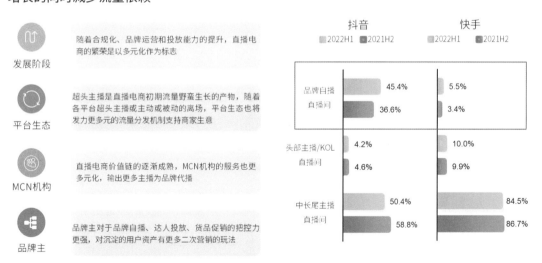

直播电商生态格局变化　　　直播电商平台各类型主播/KOL的直播间数量占比变化

注:头部主播,指在各直播电商平台KOL"粉丝"量为监测账号"粉丝"量前10%的主播。中长尾主播,指除头部主播、品牌自播以外的主播。

Source: QuestMobile研究院,2022年10月;TRUTH BRAND 品牌数据库,2022年6月。

第十二篇章

互联互通

本篇核心观点

① **互联互通10年发展回顾**

过去10年，互联互通经历了多渠道发展、场景应用拓展、全景流量建设、连接即交易四个阶段。应用及场景之间相互连接，营销与销售相互融合，全链路触点布局正在快速发展。

② **流量增长渠道变迁**

互联网早期流量获取方式来源于应用商店等渠道，而后转向媒介买量，渠道端经历了从外部合作到内部流转再到外部联合的转变。

③ **流量延展触点变化**

流量入口更加多元，线上与线下触点融合，流量延展从内部生态导流到内外部合作引流。

④ **流量深耕方式变革**

流量增长趋缓，从注重用户规模到注重用户黏性，从独占用户扩张到争取重合用户。

⑤ **流量连接关系拓展**

流量拓展注重相互连接，从连接用户拓展到连接线上线下，从渠道拓展到平台服务。

本章内容

● **01. 互联互通10年发展回顾**

第一阶段：多渠道发展 跨屏交互，第三方应用商店下载渠道崛起

● **02. 流量增长渠道变迁**

● **03. 流量延展触点变化**

● **04. 流量深耕方式变革**

● **05. 流量连接关系拓展**

移动端用户规模快速发展，APP下载需求旺盛，第三方应用商店适时推出各类APP满足用户下载需求

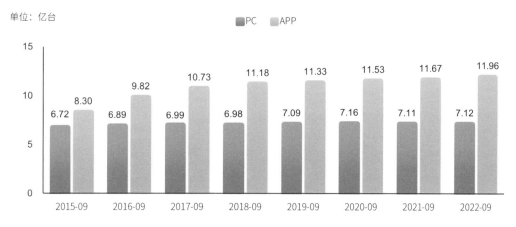

单位：亿台

2015年9月—2022年9月 PC端和APP端月活跃用户数对比

Source: QuestMobile TRUTH 中国移动互联网数据库，2022年9月。

应用商店格局趋于稳定，小程序、快应用等应用分发渠道兴起

Source: QuestMobile 研究院，2022年10月。

各大应用商发力充分融合用户生活场景的应用下载渠道，缩短下载流程，提高用户体验

单位：万人次

同比增长率	2.35%	−4.17%	−2.43%	13.10%	1.07%	18.31%	−1.71%	13.15%	−46.28%	99.62%

2022年9月 第三方应用APP下载用户数TOP10渠道

注：下载用户数：在统计周期（月）内，从该分发渠道下载了应用的用户数。在同一周期内（月）同一个用户从该渠道下载多款
　　应用；会记录相应数量人次，在同一周期内（月）同一个用户从该渠道多次下载同款应用，则会记录一次。
　　Source：QuestMobile TRUTH 中国移动互联网数据库，2022年9月。

本章内容

- **01. 互联互通10年发展回顾**

  第二阶段：场景应用拓展 线下场景"烧钱"，拉动线上生活服务及O2O等场景应用普及

- **02. 流量增长渠道变迁**

- **03. 流量延展触点变化**

- **04. 流量深耕方式变革**

- **05. 流量连接关系拓展**

典型场景下，各应用竞争格局历经探索和整合，迎来高速发展

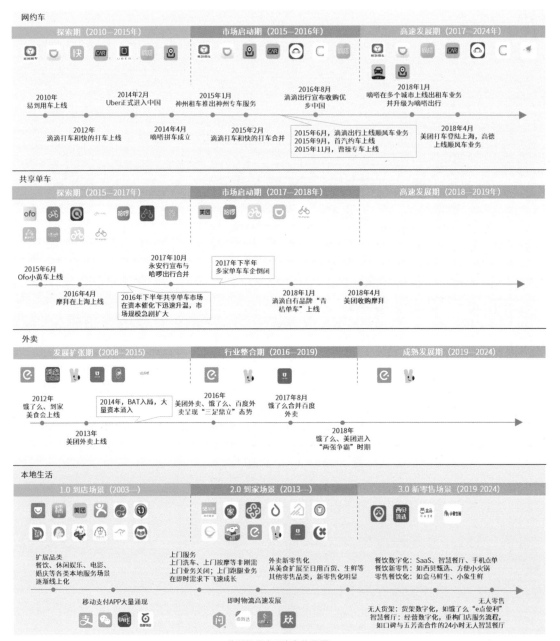

典型场景应用竞争格局图

Source：QuestMobile研究院，2022年10月。

近几年，场景打通线上线下，通过APP+小程序等拓展多触点全景流量，为场景应用提供更多连接

2015年9月—2022年9月 典型场景里TOP1企业全景流量对比

注：1.2015年9月和2017年9月数据为APP数据，2022年9月数据为全景流量数据。2.TOP1 APP依据2022年9月月活跃用户数选取。
3.哈啰APP在2016年底推出，所以使用2017年9月数据做对比。

Source：QuestMobile TRUTH 中国移动互联网数据库，2017年9月；TRUTH 全景生态流量数据库，2022年9月。

本章内容

● **01. 互联互通10年发展回顾**

第三阶段：全景流量建设 线上线下打通，多触点多场景应用
融合，小程序快速发展

● **02. 流量增长渠道变迁**

● **03. 流量延展触点变化**

● **04. 流量深耕方式变革**

● **05. 流量连接关系拓展**

小程序为场景融合和场景的快速切换提供了广阔的空间，切合市场需求，赢得发展机遇

2017年9月—2022年9月 APP端与小程序端用户规模对比

Source：QuestMobile TRUTH 全景生态流量数据库，2022年9月。

小程序各主要入口流量稳定增长，助力企业扩展流量资产

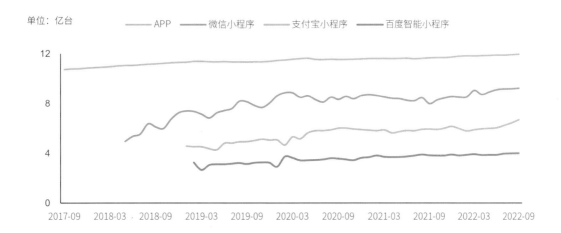

2017年9月—2022年9月 全景流量主要入口用户规模变化

Source：QuestMobile TRUTH 全景生态流量数据库，2022年9月。

尤其是渠道类企业流量得到了显著增长

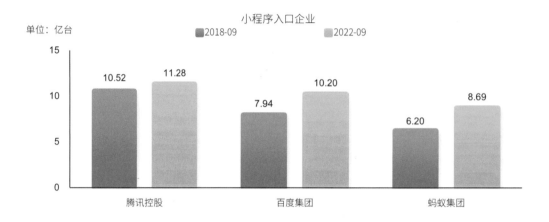

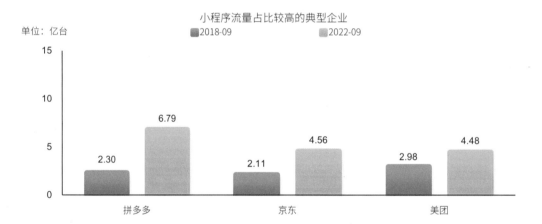

2018年9月—2022年9月典型企业流量资产对比

注：1.小程序入口企业为微信小程序、百度小程序、支付宝小程序所属的企业。2.小程序流量占比较高的典型企业结合企业小程序流量占企业总流量的比例和企业总流量的规模选取。

Source：QuestMobile TRUTH 全景生态流量数据库，2022年9月。

本章内容

● **01. 互联互通10年发展回顾**

　　第四阶段：连接即交易 营销信息流与销售交易流量融合，各相关方均参与到全链路布局

● **02. 流量增长渠道变迁**

● **03. 流量延展触点变化**

● **04. 流量深耕方式变革**

● **05. 流量连接关系拓展**

营销活动以快速链接交易为核心目标，具有链接交易功能成为各类营销平台的必备属性

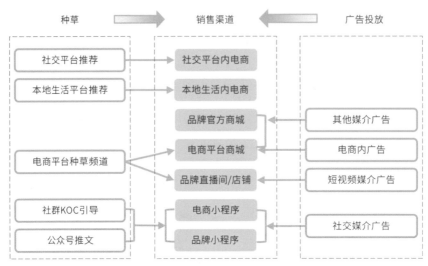

2022年 典型企业营销链接转化渠道示意图

Source：QuestMobile 研究院，2022年10月。

用户使用频次更高的工具/社交类APP为营销提供了更高频的展示机会，更好地推动了营销转化

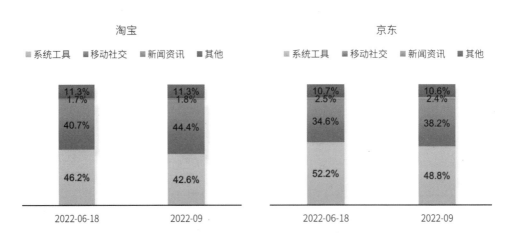

2022年6.18&9月 典型电商平台流量来源媒介行业分布

注：媒介行业分布指由媒介跳转至电商的用户中，来自各媒介行业的占比。

Source：QuestMobile TRUTH中国移动互联网数据库，2022年9月。

本章内容

- 01. 互联互通10年发展回顾

- 02. 流量增长渠道变迁

- 03. 流量延展触点变化

- 04. 流量深耕方式变革

- 05. 流量连接关系拓展

应用商城、浏览器为APP流量的主要获取方式

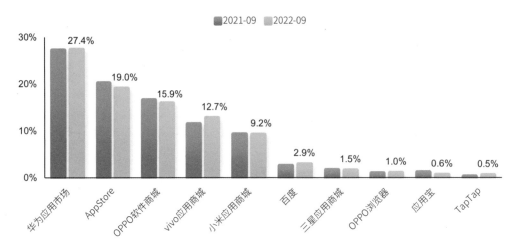

2022年9月 典型下载渠道 合计下载渗透率TOP10渠道

注：合计下载渗透率指在统计周期内，该分发渠道的合计下载用户数占所有分发渠道的合计下载用户数之和的比例。
Source：QuestMobile TRUTH中国移动互联网数据库，2022年9月。

手机应用商店逐渐挤压第三方应用商店的渗透率

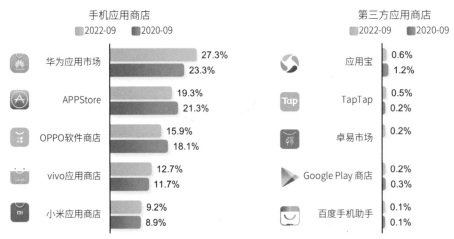

2022年9月 典型下载渠道合计新安装渗透率TOP5渠道

注：合计新安装渗透率指在统计周期内，该分发渠道的合计新安装用户数占所有分发渠道的合计新安装用户数之和的比例。
Source：QuestMobile TRUTH中国移动互联网数据库，2022年9月。

媒介买量的价值在不断提升，短视频和社交媒介是主要的买量渠道

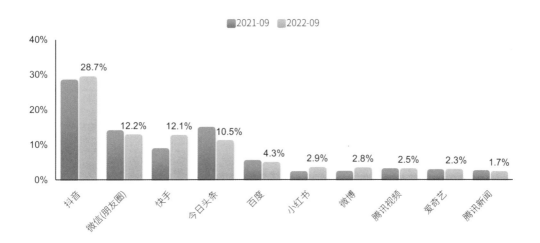

2022年9月 互联网广告投放费用TOP10媒介分布

Source：QuestMobile AD INSIGHT广告洞察数据库，2022年9月。

本章内容

- 01. 互联互通10年发展回顾

- 02. 流量增长渠道变迁

- 03. 流量延展触点变化

- 04. 流量深耕方式变革

- 05. 流量连接关系拓展

互联网触点多元化，手机和APP为当下主流量入口，且形成跨屏、链接线下的融合生态流量

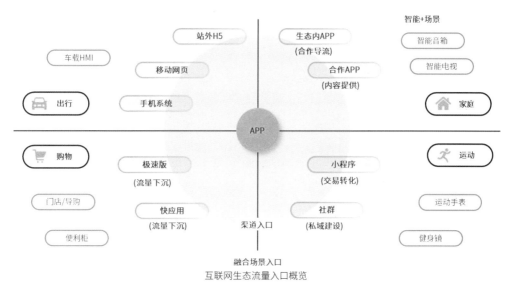

融合场景入口
互联网生态流量入口概览

注：仅列举典型流量入口，不包含所有场景的触点入口。
Source：QuestMobile研究院，2022年10月。

头部互联网集团已形成稳定格局，其媒介矩阵格局聚集核心业务

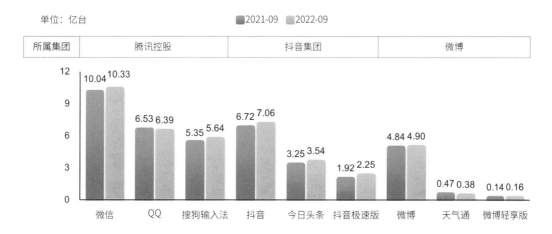

2022年9月 典型媒介集团总用户量TOP3 APP

Source：QuestMobile TRUTH全景生态流量数据库，2022年9月。

本章内容

- 01. 互联互通10年发展回顾

- 02. 流量增长渠道变迁

- 03. 流量延展触点变化

- 04. 流量深耕方式变革

- 05. 流量连接关系拓展

流量增长趋缓，强化媒介本身的内容属性成为留住用户的重要途径

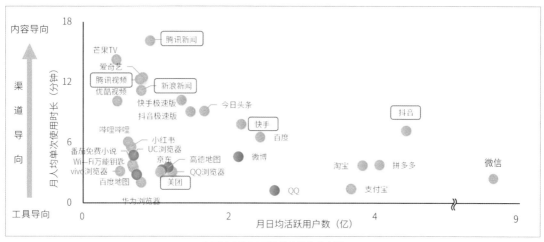

2022年9月 TOP30 媒介属性分布图

注：1.TOP30媒介依据2022年9月月日均活跃用户数选取，不包含移动游戏、移动音乐、应用商店、输入法等。2.灰色标记表示媒介与2018年9月对比，月人均使用时长下降，红框标记表示媒介与2018年9月对比，月人均使用时长增长>20%。3.部分媒介上市时间晚于2018年9月，未做增长率对比。
Source：QuestMobile TRUTH中国移动互联网数据库，2022年9月。

媒介属性边界逐渐模糊，扩展场景覆盖留住用户时间的同时提升价值转化

APP扩展自身属性的典型案例

Source：QuestMobile 研究院，2022年10月。

媒介的典型属性使其仍保有对特定人群的吸引力

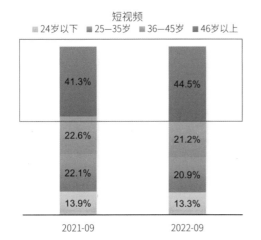

2022年9月 短视频行业与在线视频行业相对独占用户年龄段分布同比变化

注：相对独占指两个目标行业对比。

Source：QuestMobile TRUTH 中国移动互联网数据库，2022年9月。

行业内媒介间用户重合度不断上升，如何赢得重合用户更多的时间成为稳固媒介价值的重点

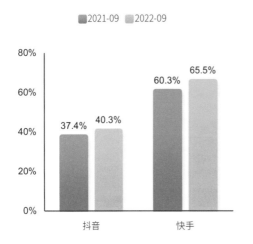
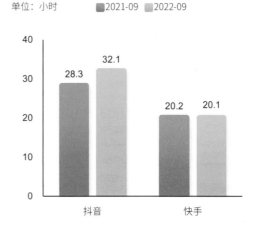

2021—2022年9月 典型APP重合率对比

2021—2022年9月 典型APP重合用户人均使用APP时长对比

注：重合率指在统计周期(周/月)内，该App的重合用户数与其活跃用户数的比值。以A与B的重合为例，A的重合率=A与B的重合用户数/A的用户数，即 A∩B/A。

Source：QuestMobile TRUTH 中国移动互联网数据库，2022年9月。

同时，媒介扩充内容广度丰富吸引力，独占用户群体的典型差异逐渐减弱

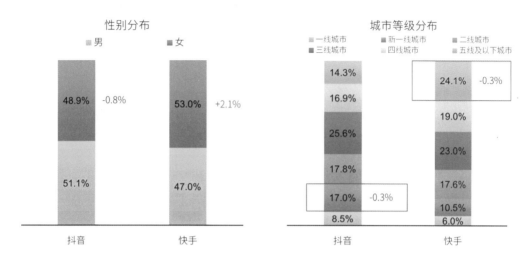

2022年9月 典型APP抖音与快手独占用户画像对比

注：图表外数字为2022年9月数据与2021年9月数据的差值。
Source: QuestMobile TRUTH中国移动互联网数据库，2022年9月。

本章内容

● **01. 互联互通10年发展回顾**

● **02. 流量增长渠道变迁**

● **03. 流量延展触点变化**

● **04. 流量深耕方式变革**

● **05. 流量连接关系拓展**

小程序连接各类应用场景，丰富互联网生态，产生联动价值

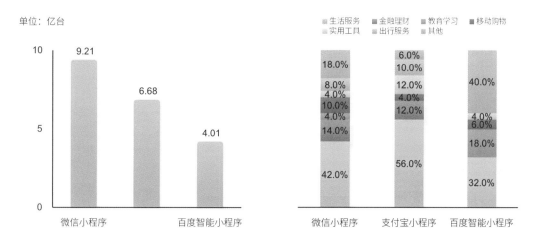

2022年9月 主要小程序入口去重活跃用户规模

2022年9月 主要小程序入口TOP50小程序行业分布

注：TOP50小程序根据2022年9月小程序的活跃用户规模选取。
Source：QuestMobile TRUTH全景生态流量数据库，2022年9月。

品牌借助内容和社交平台搭建自营销售渠道，按照集团营销策略布局和区域销售渠道布局，整合触达用户

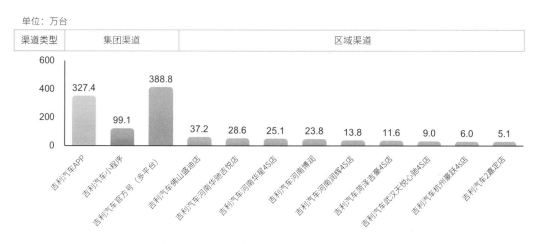

2022年9月 典型品牌-吉利汽车线上自营销售渠道分布及用户规模

注：吉利汽车官方号分布平台包括微博、微信公众号、抖音、快手等。
Source：QuestMobile 中国移动互联网数据库，2022年9月；NEW MEDIA 新媒体数据库，2022年9月。

第十三篇章

潜力人群

本篇核心观点

① 银发人群

相较全网用户，银发人群月活跃规模和月人均使用时长增速较快；该群体兴趣偏好资讯类，在综合资讯行业，银发人群集中使用今日头条、腾讯新闻等头部应用。

② 下沉用户

与2021年同期比，下沉用户规模实现增长；相较全网用户，下沉用户线上消费时比较关注时尚和健康；且该群体兴趣偏好短视频，对抖音、快手头部应用使用黏性较强。

③ 新中产人群

新中产人群中"90后"占比增加，新中产对互联网的使用黏性增强；与全网用户比，该群体线上消费更重视体验；线上消费内容对汽车偏好更强，且新中产用户规模在智能汽车行业增速较快。

④ 母婴人群

母婴人群线上高消费意愿占比增长明显，且对网络的使用程度加深；与全网用户比，母婴人群线上消费更关注健康；母婴群体在孕育健康和育儿工具细分行业渗透率较高，以上细分行业的头部应用分别为宝宝树孕育和亲宝宝。

⑤ Z世代

相比2021年同期，Z世代月人均使用时长和高消费意愿占比有所增长；该群体线上兴趣偏好呈现多元化，与全网用户比，更为偏好分享与游戏；该群体玩王者荣耀人均单日时长超过2小时。

2022年9月全网用户中51岁以上银发人群和下沉市场用户规模最大，分别超过3亿和7亿，且相比2021年同期两类人群用户规模增长最多，为大盘流量注入新活力

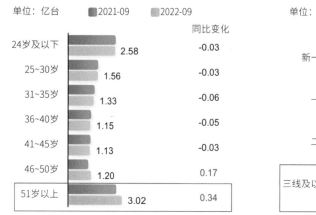

全网用户规模 年龄分布

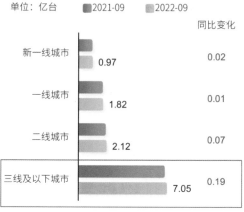

全网用户规模 城际分布

注：下沉市场为三线及以下城市。
Source：QuestMobile GROWTH用户画像标签数据库，2022年9月。

新中产、母婴、Z世代对互联网的使用黏性和线上高消费意愿占比均高于全网用户，较高的使用时长、消费意愿有利于线上营销的触达和消费潜能的释放

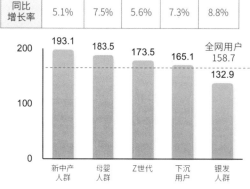

2022年9月各人群月人均使用时长

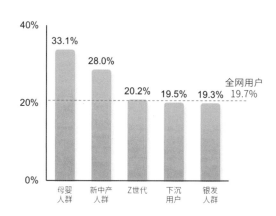

2022年9月各人群线上高消费意愿占比

Source：QuestMobile TRUTH中国移动互联网数据库，2022年9月；GROWTH用户画像标签数据库，2022年9月。

通过互联网人群规模、使用黏性、消费潜力指标维度综合分析，银发人群、下沉用户、新中产人群、母婴人群、Z世代为互联网高价值度潜力人群

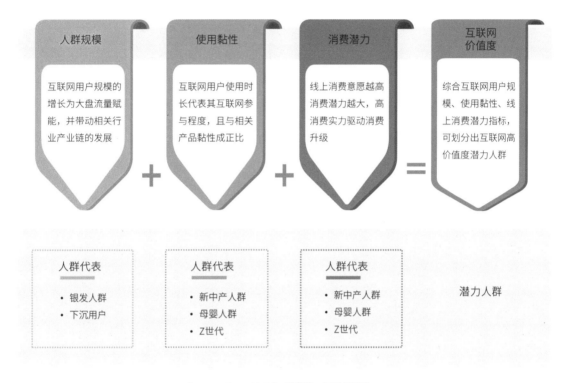

人群规模		使用黏性		消费潜力		互联网价值度
互联网用户规模的增长为大盘流量赋能，并带动相关行业产业链的发展	+	互联网用户使用时长代表其互联网参与程度，且与相关产品黏性成正比	+	线上消费意愿越高消费潜力越大，高消费实力驱动消费升级	=	综合互联网用户规模、使用黏性、线上消费潜力指标，可划分出互联网高价值度潜力人群

人群代表	人群代表	人群代表	
· 银发人群 · 下沉用户	· 新中产人群 · 母婴人群 · Z世代	· 新中产人群 · 母婴人群 · Z世代	潜力人群

Source: QuestMobile 研究院，2022年10月。

本章内容

- 01. 银发人群

- 02. 下沉用户

- 03. 新中产人群

- 04. 母婴人群

- 05. Z世代

银发人群定义：51岁及以上互联网用户

伴随社会数字化发展，银发互联网用户占比增加；"银发群体"月人均使用次数的增长，有利于该群体日常生活的线上化转移

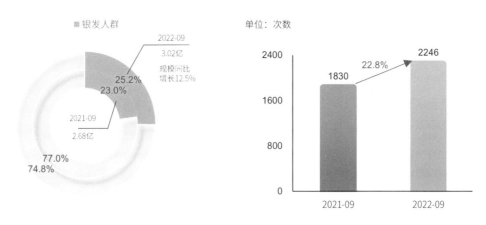

银发人群活跃用户数量及全网占比

银发人群月人均使用次数

Source: QuestMobile TRUTH 中国移动互联网数据库，2022年9月。

银发经济的崛起，为银发人群线上消费能力和消费意愿的提升提供了强有力支撑

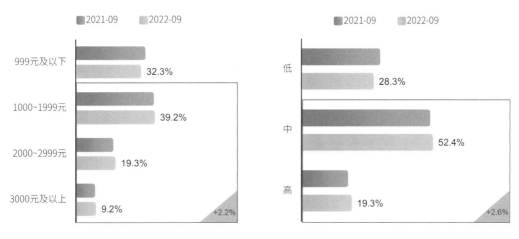

银发人群线上消费能力变化

银发人群线上消费意愿变化

Source: QuestMobile GROWTH用户画像标签数据库，2022年9月。

"银发群体"在即时通讯和综合电商行业渗透率较高；该群体在综合资讯行业活跃TGI较高，即该群体线下阅读习惯逐渐线上化迁移

2022年9月 银发人群 在移动互联网二级细分行业活跃渗透率TOP10&活跃TGI分布

注：TGI=目标群体某个标签属性的月活跃占比/全网具有该标签属性的月活跃占比×100。
Source：QuestMobile TRUTH 中国移动互联网数据库，2022年9月。

因数字化生活在银发人群中的渗透发展，该人群倾向以线上资讯来满足日常兴趣需求

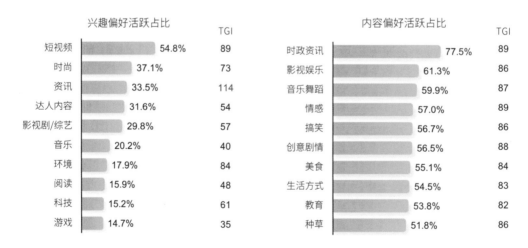

2022年9月 银发人群兴趣偏好&内容偏好活跃占比TOP10

注：TGI=目标群体某个标签属性的月活跃占比/全网具有该标签属性的月活跃占比×100。
Source：QuestMobile GROWTH 用户画像标签数据库，2022年9月。

在综合资讯细分行业，"银发群体"用户规模集中在今日头条和腾讯新闻APP；与全网用户相比，"银发群体"倾向使用搜狐新闻APP

单位：万台

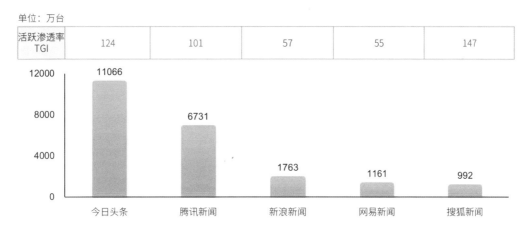

活跃渗透率 TGI	124	101	57	55	147

2022年9月 银发人群在综合资讯细分行业月活跃用户规模TOP5 APP

注：TGI=目标群体某个标签属性的月活跃占比/全网具有该标签属性的月活跃占比×100。
Source：QuestMobile TRUTH 中国移动互联网数据库，2022年9月。

273

本章内容

- 01. 银发人群

- 02. 下沉用户

- 03. 新中产人群

- 04. 母婴人群

- 05. Z世代

下沉市场用户定义：三线及以下城市互联网用户。

随着互联网的深度普及，下沉市场用户规模稳定增长，且成为中国移动互联网流量的中流砥柱，下沉用户对互联网使用黏性增强

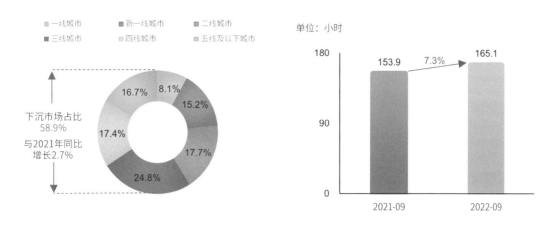

2022年9月 中国移动互联网用户城市占比分布   下沉用户月人均使用时长变化

Source：QuestMobile GROWTH用户画像标签数据库，2022年9月；TRUTH中国移动互联网数据库，2022年9月。

居民可支配收入的增加，为下沉市场用户线上消费能力和消费意愿的提升释放潜能

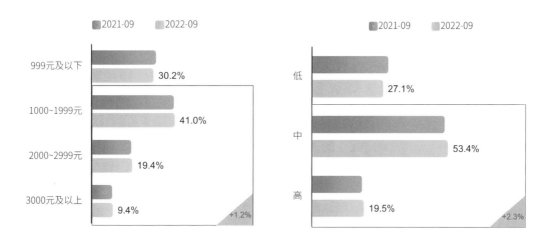

下沉用户线上消费能力变化   下沉用户线上消费意愿变化

Source：QuestMobile GROWTH用户画像标签数据库，2022年9月。

因综合电商行业在下沉市场的拓展渗透，下沉用户在该行业渗透率高达96.6%；短视频的娱乐属性使下沉用户对短视频行业偏好较高

2022年9月 下沉用户在移动互联网二级细分行业活跃渗透率TOP10&活跃TGI分布

注：TGI=目标群体某个标签属性的月活跃占比/全网具有该标签属性的月活跃占比×100。
Source：QuestMobile TRUTH 中国移动互联网数据库，2022年9月。

在综合电商细分行业，下沉用户在淘宝APP活跃渗透率较高；与全网用户比，该群体更偏好使用拼多多、唯品会和淘特APP

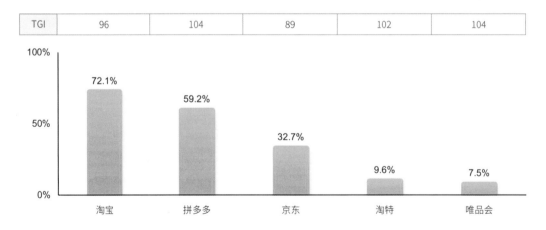

2022年9月 下沉用户在综合电商细分行业活跃渗透率TOP5APP&活跃TGI

注：TGI=目标群体某个标签属性的月活跃占比/全网具有该标签属性的月活跃占比×100。
Source：QuestMobile TRUTH 中国移动互联网数据库，2022年9月。

线上消费时，下沉用户更关注品质、品牌、价格；相较全网用户，下沉用户对时尚和健康的关注突出

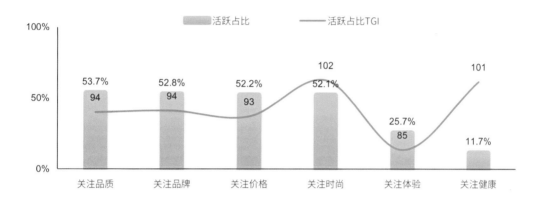

2022年9月 下沉用户线上消费关注点

注：TGI=目标群体某个标签属性的月活跃占比/全网具有该标签属性的月活跃占比×100。
Source：QuestMobile TRUTH BRAND 品牌数据库，2022年9月。

线上内容视频化、多元化发展也促使下沉用户对短视频有较强兴趣偏好

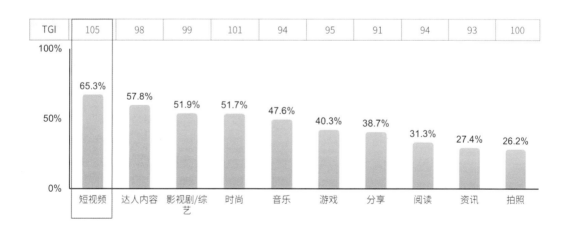

2022年9月 下沉用户兴趣偏好活跃占比TOP10

注：TGI=目标群体某个标签属性的月活跃占比/全网具有该标签属性的月活跃占比×100。
Source：QuestMobile GROWTH 用户画像标签数据库，2022年9月。

在短视频领域，下沉用户主要集中在短视频头部应用

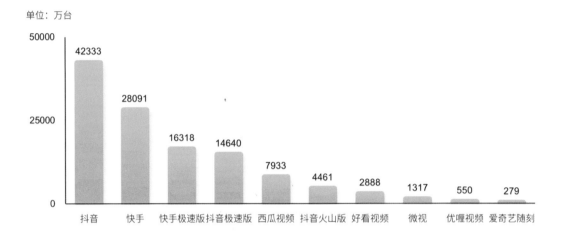

2022年9月 下沉用户在短视频行业月活跃用户规模TOP10APP

Source: QuestMobile TRUTH 中国移动互联网数据库，2022年9月。

下沉用户对短视频头部应用具有较高使用黏性

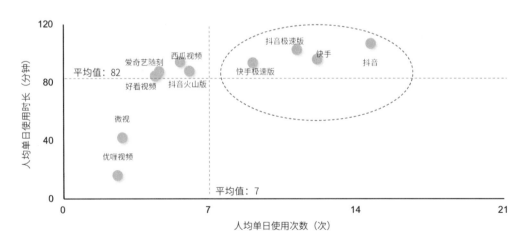

2022年9月 下沉用户短视频行业TOP10APP月人均单日使用时长&次数

注：平均值为以上应用数据的算术平均值。

Source: QuestMobile TRUTH 中国移动互联网数据库，2022年9月。

本章内容

新中产人群定义：年龄在20~40岁之间，居住在三线及以上城市，线上消费能力在1000元及以上，线上消费意愿为中、高消费意愿。

新中产人群规模达到1.5亿，但随着年轻消费群体的崛起，新中产人群中"90后"占比的提升，为新中产人群注入新活力

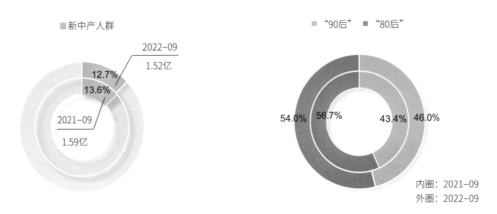

新中产人群活跃用户数量及全网占比　　　　　新中产人群代际分布

Source: QuestMobile TRUTH 中国移动互联网数据库，2022年9月；GROWTH用户画像标签数据库，2022年9月。

新中产人群对于移动互联网使用黏性进一步增强，月人均使用时长、次数均保持增长

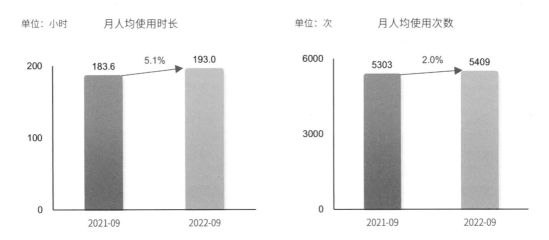

新中产人群月人均使用时长及使用次数

Source: QuestMobile TRUTH 中国移动互联网数据库，2022年9月。

新中产人群线上消费更关注品质、价格、品牌，相较全网用户更重视消费体验

2022年9月 新中产人群线上消费关注点

注：TGI=目标群体某个标签属性的月活跃占比/全网具有该标签属性的月活跃占比×100。
Source：QuestMobile TRUTH BRAND 品牌数据库，2022年9月。

新中产人群不同代际群体之间兴趣的差异化，使该人群具有多样的兴趣偏好

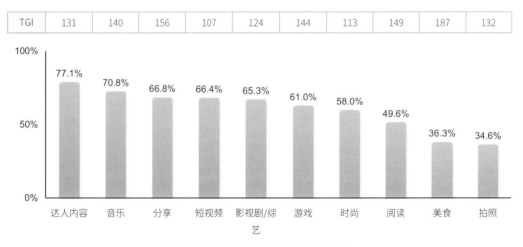

2022年9月 新中产人群兴趣偏好活跃占比TOP10

注：TGI=目标群体某个标签属性的月活跃占比/全网具有该标签属性的月活跃占比×100。
Source：QuestMobile GROWTH 用户画像标签数据库，2022年9月。

房产家居、企业、金融财经等是新中产人群普遍关注的领域；相较全网用户，新中产人群对汽车内容表现出较强偏好

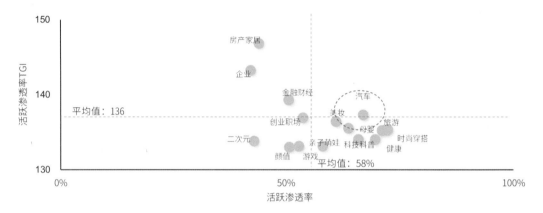

2022年9月 新中产人群内容偏好活跃渗透率TGI TOP15&渗透率分布

注：1.TGI=目标群体某个标签属性的月活跃占比/全网具有该标签属性的月活跃占比×100。
2.按照活跃渗透率TGI降序排序选取数据。
Source：QuestMobile NEW MEDIA 新媒体数据库 2022年9月

新中产人群在汽车资讯和违章查询细分行业月活规模超过2千万；随着汽车智能化发展，在智能汽车行业新中产人群规模增速较快

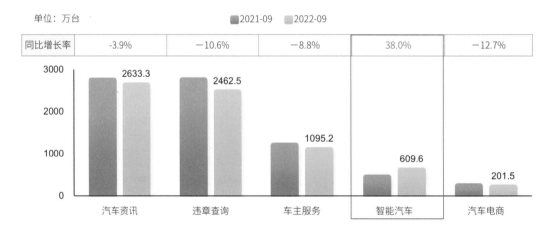

新中产人群在汽车相关行业月活跃用户规模

Source：QuestMobile TRUTH 中国移动互联网数据库，2022年9月。

在国产品牌崛起时代，新中产人群倾心于以极氪、小鹏、蔚来为代表的国产智能汽车品牌

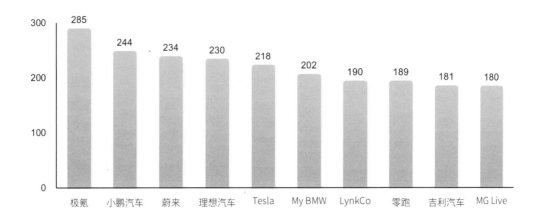

2022年9月 新中产人群智能汽车类APP活跃渗透率TGI TOP10

注：活跃渗透率TGI=目标群体某个标签属性的月活跃占比/全网具有该标签属性的月活跃占比×100。
Source：QuestMobile TRUTH 中国移动互联网数据库，2022年9月。

2022年9月新中产人群对欧莱雅品牌关注度较高；相对全网用户，新中产人群对欧美品牌赫莲娜和卡姿兰更为青睐

2022年9月 新中产人群美妆类品牌电商关注度TOP10

注：电商关注度指统计周期内在电商平台中浏览该品牌商品的目标用户，
占浏览该品牌所在美妆护理品类所有商品的目标用户比例。
Source：QuestMobile TRUTH BRAND 品牌数据库，2022年9月。

本章内容

母婴人群定义：具有6岁及以下小孩的群体（包含孕育人群）。

相较2021年母婴人群用户规模有所下降，但随着5G等创新技术的应用普及，母婴人群月人均使用时长得到提升

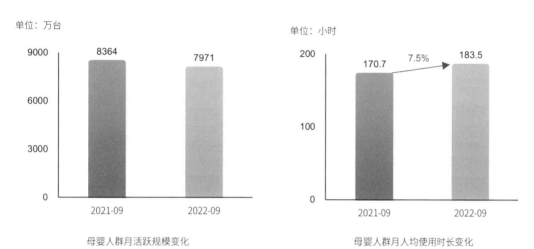

单位：万台

母婴人群月活跃规模变化

单位：小时

母婴人群月人均使用时长变化

Source：QuestMobile TRUTH中国移动互联网数据库，2022年9月。

"短视频+直播"新型销售模式的兴起，可满足母婴人群个性化消费需求，潜在促进该人群线上消费意愿的提升

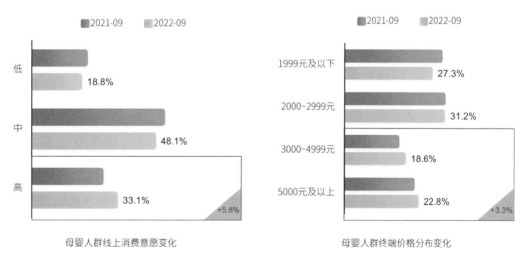

母婴人群线上消费意愿变化

母婴人群终端价格分布变化

Source：QuestMobile GROWTH用户画像标签数据库，2022年9月。

后疫情时代，与全网用户相比母婴群体线上消费更关注健康，其次为消费体验、产品价格和品牌

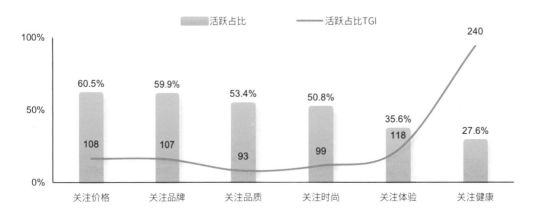

2022年9月 母婴人群线上消费关注点

注：TGI=目标群体某个标签属性的月活跃占比/全网具有该标签属性的月活跃占比×100。
Source：QuestMobile TRUTH BRAND 品牌数据库，2022年9月。

母婴群体关注度较高的TOP3母婴品牌均为国产品牌，反映了母婴群体对国产母婴品牌较高的自信心

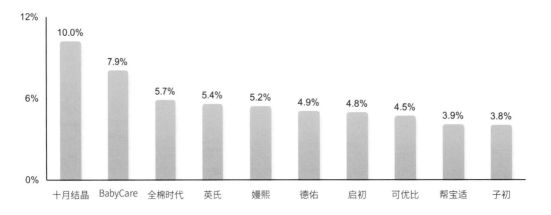

2022年9月 母婴人群母婴品牌关注度TOP10

注：品牌关注度指统计周期内在电商平台中浏览母婴品牌的目标群体占浏览母婴品牌所有商品的用户比例。
Source：QuestMobile TRUTH BRAND 品牌数据库，2022年9月。

伴随关注"宝宝成长+宝妈健康"的新一代育儿理念的发展，母婴人群趋向个性化发展，群体
兴趣偏好呈现多样化，该群体兴趣偏好更倾向拍照和分享

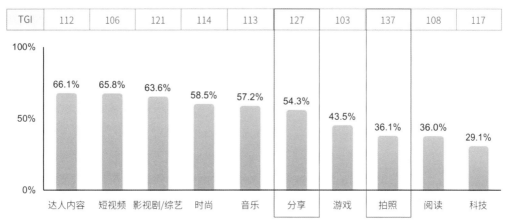

| TGI | 112 | 106 | 121 | 114 | 113 | 127 | 103 | 137 | 108 | 117 |

2022年9月 母婴人群兴趣偏好活跃占比 TOP10

注：TGI=目标群体某个标签属性的月活跃占比/全网具有该标签属性的月活跃占比×100。
Source：QuestMobile GROWTH 用户画像标签数据库，2022年9月。

母婴群体分享交流首选短视频类APP，其次为母婴垂类APP；该群体在育儿母婴细分行业具有
较高的活跃渗透率TGI，尤其在育儿工具和孕育健康行业

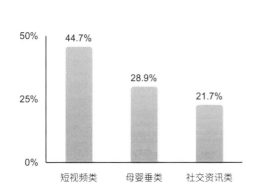

母婴人群分享交流育儿心得常用APP类型占比

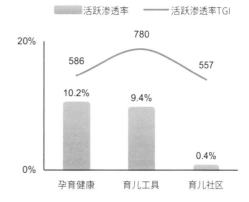

2022年9月 母婴人群在育儿母婴细分行业活跃渗透率&TGI

注：1.左图调研问题为：请问最近3个月内，您在交流育儿心得时通常使用的APP类型是？（单选）N=660。2.TGI=目标行业群体
标签属性的月活跃占比/全网具有该标签属性的月活跃占比×100。
Source：QuestMobile Echo快调研2022年10月；TRUTH 中国移动互联网数据库，2022年9月。

孕育健康和育儿工具细分行业，月活跃用户规模超千万的APP分别为宝宝树孕育和亲宝宝

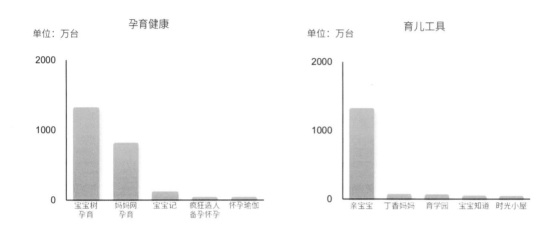

2022年9月 育儿母婴相关细分行业月活跃用户规模TOP5 APP

Source：QuestMobile TRUTH 中国移动互联网数据库，2022年9月。

宝宝树孕育用户在3000元及以上消费能力、终端价格上TGI较高，综合表明相对全网用户，宝宝树孕育用户具有高消费能力

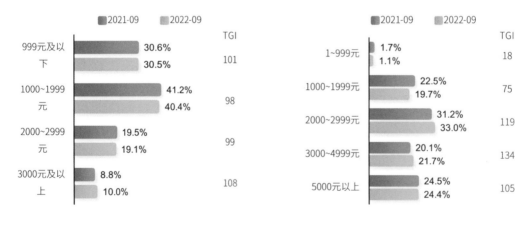

宝宝树孕育APP用户线上消费能力变化　　　　宝宝树孕育APP用户终端价格分布

Source：QuestMobile GROWTH 用户画像标签数据库，2022年9月。

宝宝树孕育APP活跃用户留存率相比2021年有明显增长，次日留存率达到52.8%，侧面反映
出宝宝树对用户的运营效率在不断提升

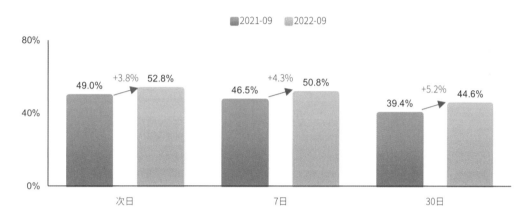

■2021-09 ■2022-09

宝宝树孕育APP活跃用户留存率变化

注：活跃用户留存率：在统计周期(月)内，每日活跃用户数在第N日仍启动该APP的用户数占比的平均值。
Source: QuestMobile TRUTH 中国移动互联网数据库，2022年9月。

2022年9月，亲宝宝APP新安装活跃转化率超7成；日均活跃用户相较2021年同期增加15.1%，
表明亲宝宝对用户的黏性增强

2022年9月 亲宝宝APP新用户转化

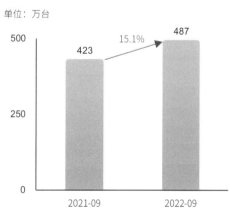

单位：万台

亲宝宝APP日均活跃用户规模变化

Source: QuestMobile TRUTH 中国移动互联网数据库，2022年9月。

亲宝宝用户在25~35岁年轻人和终端价格3000元以上的群体占比较高；与全网用户比，亲宝宝用户年轻化、高消费能力特征明显

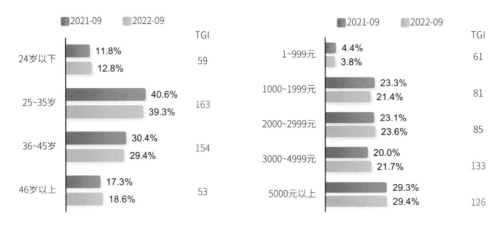

亲宝宝APP用户年龄分布　　　　　　　　亲宝宝APP用户终端价格分布

注：TGI= 2022年9月目标群体某个标签属性的月活跃占比/2022年9月全网具有该标签属性的月活跃占比×100。
Source：QuestMobile GROWTH 用户画像标签数据库，2022年9月。

本章内容

- 01. 银发人群

- 02. 下沉用户

- 03. 新中产人群

- 04. 母婴人群

- 05. Z世代

Z世代人群定义：25岁以下互联网用户。

Z世代人群用户规模占全网用户比例超20%；在互联网环境出生成长的Z世代，对互联网的使用程度进一步加强

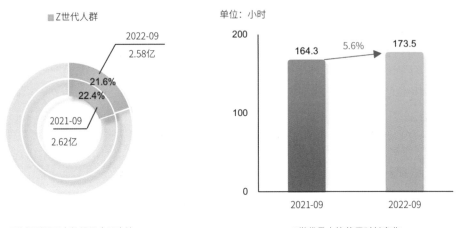

Z世代活跃用户数量及全网占比 　　　　　Z世代月人均使用时长变化

Source： QuestMobile TRUTH 中国移动互联网数据库，2022年9月。

Z世代线上消费能力与2021年同期基本持平；伴随AI技术、二次元、手游等发展，该人群线上消费意愿在增长

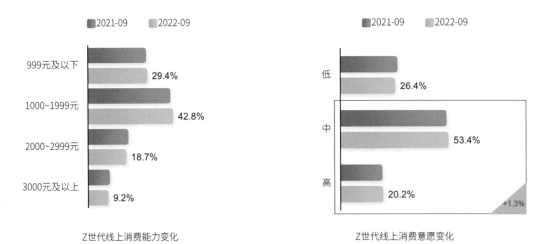

Z世代线上消费能力变化 　　　　　　　Z世代线上消费意愿变化

Source： QuestMobile GROWTH 用户画像标签数据库，2022年9月。

从Z世代人均单日使用时长TOP APP发现，游戏、短视频、在线视频类APP是Z世代日常互联网宠儿

单位：小时

所属行业	MOBA	短视频	即时通讯	短视频	飞行射击	在线视频	短视频	游戏直播	在线视频	短视频
	2.06	1.99	1.73	1.71	1.70	1.67	1.51	1.43	1.40	1.40
	王者荣耀	抖音	微信	抖音极速版	和平精英	哔哩哔哩	快手	虎牙直播	爱奇艺	西瓜视频

2022年9月 Z世代APP月人均单日使用时长TOP10

注：选取Z世代用户规模≥1000万APP，按月人均单日使用时长降序排列
Source：QuestMobile TRUTH 中国移动互联网数据库，2022年9月。

相较全网用户，Z世代人群对分享、游戏有更为突出的兴趣偏好

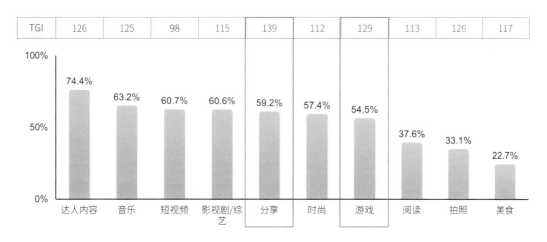

TGI	126	125	98	115	139	112	129	113	126	117
	74.4%	63.2%	60.7%	60.6%	59.2%	57.4%	54.5%	37.6%	33.1%	22.7%
	达人内容	音乐	短视频	影视剧/综艺	分享	时尚	游戏	阅读	拍照	美食

2022年9月 Z世代兴趣偏好活跃占比TOP10

注：TGI=目标群体某个标签属性的月活跃占比/全网具有该标签属性的月活跃占比×100。
Source：QuestMobile GROWTH用户画像标签数据库，2022年9月。

在手机游戏细分行业，Z世代在MOBA细分行业月活跃用户超过5千万，其次在飞行射击和消除游戏行业月活规模超过3千万

单位：万台

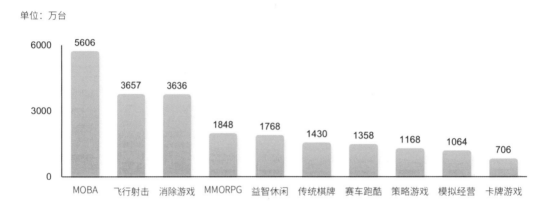

2022年9月 Z世代在手机游戏细分行业 月活跃用户规模TOP10

Source: QuestMobile TRUTH中国移动互联网数据库，2022年9月。

Z世代在手机游戏行业活跃渗透率较高的APP分别为王者荣耀、开心消消乐、和平精英

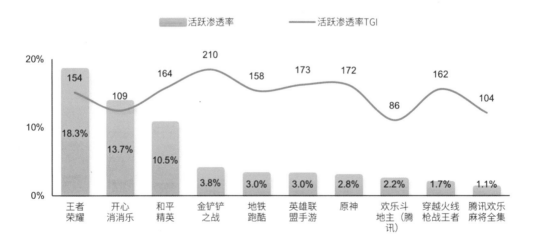

2022年9月 Z世代在手机游戏行业 活跃渗透率TOP10APP

注：TGI=目标群体某个标签属性的月活跃占比/全网具有该标签属性的月活跃占比×100。

Source: QuestMobile TRUTH中国移动互联网数据库，2022年9月。

第十四篇章

智能物联

领域定义：伴随物联网、云计算等技术的发展，产品愈加智能化，多终端互联、跨终端协同等形式正在多行业发生，本领域包含智能手机、汽车、家居、可穿戴等行业研究分析。

本篇核心观点

① **电子产品智能化演变历程呈现出：硬件定义—软硬件共同定义—生态定义**
手机经历了功能机、智能机及向终端生态中心演变历程，汽车、家居、可穿戴智能化发展过程同样发生着智能化、多产品联动等相识演变方向。

② **"硬件+软件"成为智能化产品主要盈利模式**
智能手机行业"硬件售卖"+"软件服务"的成功经验在汽车、家居、可穿戴设备等智能化过程中得以复用。

③ **汽车行业呈现从"产品驱动"向"数据驱动"的转变趋势**
车企加强私域平台建设，强化用户关系运营；汽车垂媒与产业链接将进一步加深，并向汽车数字化服务商的锚点迭代。

④ **智能家居、智能穿戴APP行业迎来增长黄金期**
QuestMobile数据显示，截至2022年9月，智能家居、智能穿戴APP行业月活跃用户规模分别达到2.33亿、1.03亿，同比增长30.6%、12.9%。

本章内容

手机智能化发展演变历程：硬件定义—软硬件共同定义—生态定义

手机智能化发展演变历程

Source：QuestMobile研究院，2022年10月；根据公开资料整理。

汽车智能化发展演变历程：追随手机智能演变过程，从硬件定义—软硬件共同定义—生态定义

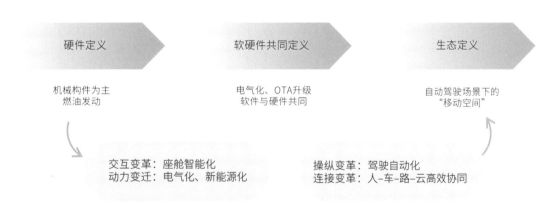

汽车智能化发展演变历程

Source：QuestMobile研究院，2022年10月；根据公开资料整理。

家居及可穿戴设备智能化发展演变历程：单机智能—互联智能

家
居

智能单品	区域智能	全屋智能	智能服务
APP与家电单品进行交互，实现智能控制及数据分析等功能	在家庭局部区域内实现多产品智能联动，构建区域内智能化空间	多个区域智能系统组合实现全屋智能，或前装阶段进行全网智能化布局	基于居住者日常行为数据进行深度学习，实现主动提供服务

可
穿
戴

简单运动、健康等相关数据记录，可实现与手机APP交互	与多设备实现互联，实现远程控制等功能	基于设备采集数据及深度学习，实现智能决策、推荐等功能	结合多设备数据互通，依据用户习惯或环境变化因素对设备调控，服务生活
智能单品	多设备互联	智能决策	跨设备调控

家居&可穿戴智能化发展演变历程

Source：QuestMobile研究院，2022年10月；根据公开资料整理。

本章内容

- 01. 行业发展演变历程

- 02. 商业盈利模式

- 03. 汽车智能化发展及趋势

- 04. 家居智能化发展及趋势

- 05. 可穿戴智能化发展及趋势

伴随着OTA能力的成熟发展，智能手机厂商盈利模式实现跃升，"硬件售卖+软件变现"成为行业标配

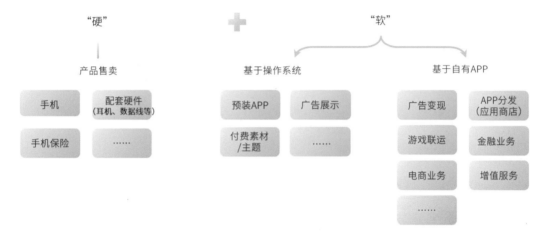

智能手机厂商盈利模式

Source：QuestMobile研究院，2022年10月；根据公开资料整理。

硬件：手机终端价格升级，5年以来，2000~4999元中高端占比提升近20%

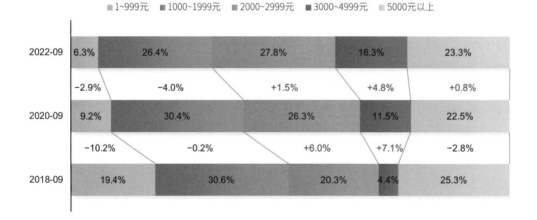

中国手机终端价格分布

Source：QuestMobile TRUTH 中国移动互联网数据库，2022年9月。

软件：手机终端厂商多领域布局，搭建自有APP抢占流量入口，为多业态业务变现奠定流量基础

企业流量资产	2.88亿台	1.74亿台	1.67亿台	1.63亿台

单位：万台	华为		小米		OPPO		vivo	
	华为应用市场	22033	小米视频	8368	OPPO软件商店	13809	vivo应用商店	14608
	华为浏览器	19265	小米应用商店	7966	OPPO浏览器	10451	vivo浏览器	13296
	华为钱包	12581	米家	6683	OPPO游戏中心	4361	vivo钱包	6343
	华为视频	9913	MIUI天气	3804	OPPO社区	2124	vivo官网	5271
	华为商城	5292	小米游戏中心	3477	OPPO钱包	1204	vivo游戏中心	2324

2022年9月 典型国产终端企业流量资产及月活跃用户数TOP5应用

注：企业流量资产指在统计周期(月)内，该企业下各APP和小程序用户量的去重总用户数。
Source：QuestMobile TRUTH 全景生态流量数据库，2022年9月。

智能汽车：由车辆、车饰等销售模式向"预埋硬件+软件付费解锁"模式升级，价值变现终点开始成为起点，打造盈利新模式

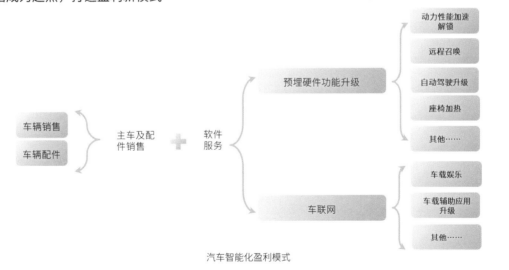

汽车智能化盈利模式

Source：QuestMobile 研究院，2022年10月；根据公开资料整理。

智能家居&穿戴：家居及可穿戴设备与用户接触场景更加多元、数据维度更加丰富，为未来智能化推荐服务奠定坚实基础

智能家居及智能穿戴盈利模式

Source: QuestMobile 研究院，2022年10月；根据公开资料整理。

本章内容

- 01. 行业发展演变历程

- 02. 商业盈利模式

- 03. 汽车智能化发展及趋势

- 04. 家居智能化发展及趋势

- 05. 可穿戴智能化发展及趋势

面对营销渠道的丰富和消费者偏好的变化，车企愈加重视与营销平台、用户的紧密连接，行业呈现从"产品驱动"向"数据驱动"的转变趋势

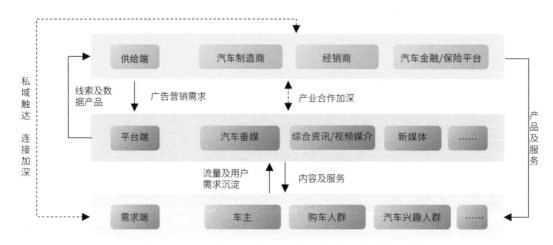

汽车数字化服务产业链条

注：实线为当前主要关系形式，虚线表示正常发生的趋势。
Source：QuestMobile 研究院，2022年10月；根据公开资料整理。

供给端：随着汽车APP功能的完善和深入运营，智能汽车APP行业迎来快速增长

智能汽车APP行业月活跃用户规模

注：智能汽车APP行业包含汽车厂商自有可实现车机互联功能的APP、其他互联网平台研发辅助实现手机与汽车连接的APP等。
Source：QuestMobile TRUTH中国移动互联网数据库，2022年9月。

车企愈加重视私域运营，自有APP功能愈加完善，打通用户售前、售后链路，尤其车机互联等功能带给用户用车全新体验

车企品牌APP主要功能

Source: QuestMobile 研究院，2022年10月；根据公开资料整理。

传统车企积极奔赴智能汽车赛道，加深与互联网科技伙伴的合作，APP升级车机互联及线上服务功能，品牌用户基础优势带动下，流量提升显著

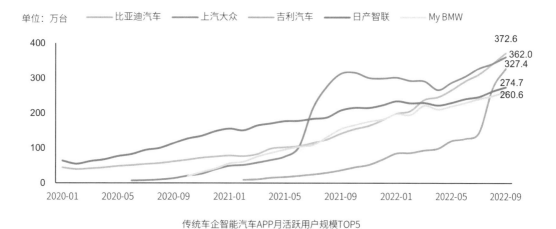

传统车企智能汽车APP月活跃用户规模TOP5

Source: QuestMobile TRUTH中国移动互联网数据库，2022年9月。

用户体验成为造车新势力们运营及营销发力点，强化APP运营，快速完成原始用户积累

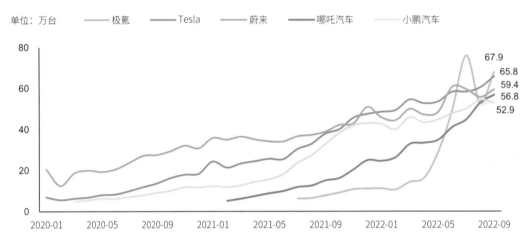

造车新势力智能汽车APP月活跃用户规模TOP5

Source: QuestMobile TRUTH 中国移动互联网数据库，2022年9月。

平台端：伴随汽车服务平台内容迭代、产业链接加深，行业流量进一步提升

汽车资讯APP行业月活跃用户规模

Source: QuestMobile TRUTH 中国移动互联网数据库，2022年9月。

平台商业进化，加深产业链接：从以承接行业在线营销需求，向赋能流通端、产业端进化，通过反向的数据分发，进而提高整个汽车产业的效率

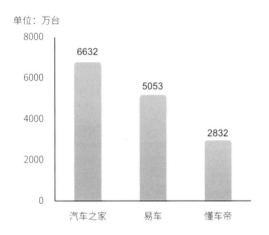

单位：万台

- 汽车之家：6632
- 易车：5053
- 懂车帝：2832

汽车资讯行业月活跃用户规模TOP3 APP

汽车资讯平台加深产业链接动态

汽车之家：2022年9月宣布布局"新零售模式"，将线上流量延伸至线下体验店，并技术赋能传统4S店的运营。全息对比及实车对比，实现看车、选车、试车体验，以全场景数字化服务，提升订单转化，赋能汽车经销商实现数字化转型。

易车：2022年1月，推出"NEV智新计划"，通过对用户行为和数据进行挖掘和分析，更好地把握新能源用户需求，为用户创造有价值的内容，同时基于大数据和AI，构建从关注到转化乃至成交的全链路营销服务体系。

懂车帝：2022年8月底，推出CPS交易解决方案，即厂商及经销商按成交量支付线索费用，平台从成交订单中抽取佣金；基于数据及算法能力实现数字化驱动下的获客和转化的提效。

Source：QuestMobile TRUTH 中国移动互联网数据库，2022年9月；研究院，2022年10月；根据公开资料整理。

多渠道流量布局为汽车平台集聚用户基础，汽车之家全景生态流量已达3.55亿

汽车之家全景生态用户量变化趋势

单位：亿台

- 2020-01：2.12
- 2022-09：3.55

2022年9月 汽车之家全景生态流量分布

单位：万台

- 生态流量-移动网页：20110
- 生态流量-移动应用：7618
- App：6632
- 生态流量-快应用：386
- 百度智能小程序-汽车之家极速版：272
- 微信小程序-汽车之家：204

汽车之家全景生态流量分析

注：全景生态流量分布选取渠道月活跃用户规模200万以上。
Source：QuestMobile TRUTH 中国移动互联网数据库，2022年9月。

面对越来越懂车的消费群体，拆车、长测、车评人对汽车技术方面的讲解越来越多，内容更加专业性和权威性；平台电商化，打造汽车专属购物节日，为产业链上下游创造更多增量价值

典型汽车资讯平台内容及商业化价值延伸

注：以上栏目内容均为节选。

Source：QuestMobile 研究院，2022年10月；根据公开资料整理。

需求端：当前有车用户活跃用户数已突破2亿，学车及计划买车潜力市场也有近2亿规模，庞大的需求市场亟待满足

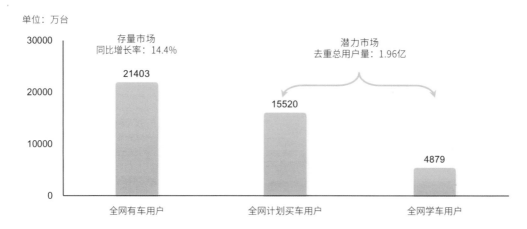

2022年9月 汽车市场关联群体月活跃用户规模

Source：QuestMobile TRUTH 中国移动互联网数据库，2022年9月。

潜力人群年轻化趋势突显，越来越多"90后""00后"加入购车大军；随着"她经济"的繁荣，女性潜在购车群体成为汽车圈新的增长极

	有车用户	计划买车用户	学车用户
男	72.1%	78.3%	51.2%
女	27.9%	21.7%	48.8%
"00后"	8.2%	8.7%	13.5%
"90后"	16.1%	19.9%	26.2%
"80后"	27.4%	31.4%	28.4%
"70后"	30.2%	27.0%	17.1%
"60后"	12.2%	7.9%	7.1%

2022年9月 汽车市场关联群体画像

Source：QuestMobile GROWTH 用户画像标签数据库，2022年9月。

汽车行业发展趋势

1 私域平台将成为车企数字化重要入口
面对与消费者从买卖关系向用车全生命周期服务关系的转变趋势，汽车品牌在公域打造影响力的同时，通过私域平台建立更深的用户关系变得愈加重要，也成为车企数字化重要切入口。

2 汽车资讯平台信任价值将越发重要
内容趋势，作为资讯类平台，正从注重流量的注意力分发逻辑，向流量的信任分发逻辑迭代、演变，同时，深化直播、视频内容，能够进一步为平台带来用户忠诚度。

3 汽车垂媒与产业链接将进一步加深
对于垂媒，未来的价值不仅仅是承载ToC的营销，同样在于反向ToB的数据分发，将平台大批量的用户反馈到流通、产业端，提升整个行业的效率，向汽车数字化服务商的锚点迭代。

4 用户触达节点将持续深化
愈加追求全链路营销，掌握购车全链各核心节点数据，结合不同场景，分析和判断用户行为与转化特征，打造更好的营销组合策略。

Source：QuestMobile 研究院，2022年10月；根据公开资料整理。

本章内容

随着人们消费水平和对美好生活品质追求的提升，叠加智能物联时代下政策的支持，智能家居行业迎来增长黄金期

智能家居APP行业月活跃用户规模

Source: QuestMobile TRUTH中国移动互联网数据库，2022年9月。

居家场景需求激活智能家居生态，智能家居受到高线级城市、家庭人群的欢迎；家居智能化向二三四线、中老年等多元群体渗透

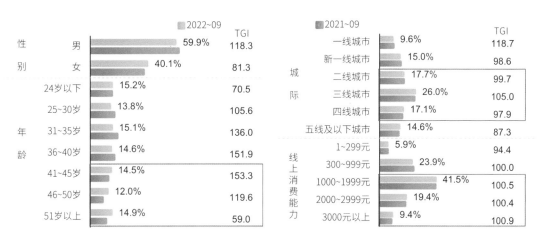

智能家居APP行业用户画像分布

注：TGI=目标行业某个标签属性的月活跃占比/全网具有该标签属性的月活跃占比×100。

Source: QuestMobile GROWTH用户画像标签数据库，2022年9月。

典型玩家：家居智能化发展趋势下，吸引多类型玩家积极布局

智能家居典型赛道及玩家特征

注：以上企业及APP均为节选。

Source：QuestMobile 研究院，2022年10月；根据公开资料整理。

小米、华为等手机终端厂商凭借"家居+手机"互联场景优势，实现流量的集聚；综合型的美的、海尔，垂类赛道的科沃斯、石头科技旗下APP均有不错增长

单位：万台

所属公司	小米	华为	小米	美的	海尔	科沃斯	石头科技
复合增长率	1.8%	3.3%	1.5%	4.9%	3.6%	5.1%	11.4%

2022年9月 典型智能家居APP月活跃用户规模

注：月复合增长率计算周期为2020年9月—2022年9月。

Source：QuestMobile TRUTH 中国移动互联网数据库，2022年9月。

典型场景：智能家居指通过物联网技术，将家居生活相关的设备集成管理，线上应用主要分为综合类与垂直类APP

家居智能化典型场景及APP主要分类

Source：QuestMobile研究院，2022年10月；根据公开资料整理。

智能家居主要细分领域的流量均呈现增长趋势，其中综合管理类平台注重与多品牌达成合作，以实现全屋智能家居硬件集中控制，便捷性吸引更多用户使用

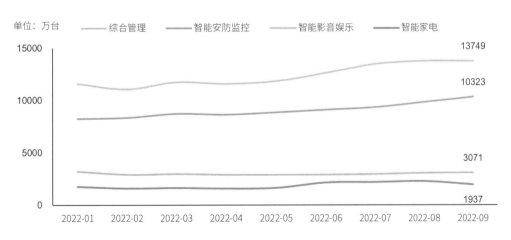

2022年1—9月智能家居APP细分领域月活跃用户规模趋势

注：选取智能家居行业中MAU>50万的APP，划分为四类，计算各细分类型的去重活跃用户规模。
Source：QuestMobile TRUTH中国移动互联网数据库，2022年9月。

综合管理领域流量多集中在头部平台，相比之下垂直类平台流量相对平均，市场整体竞争对手较多，流量争夺较为激烈

单位：万台

2022年9月 智能家居细分领域月活跃用户规模TOP5 APP

Source：QuestMobile TRUTH 中国移动互联网数据库，2022年9月。

家居智能化行业发展趋势

1　智能家居生态向多元场景延伸
随着物联网及人工智能技术的成熟，更多家居产品将具备智能化属性，平台将更多场景功能打通，丰富互联生态，手机、音箱、多终端等家庭智能场景交互入口更加多元化。

2　互联互通成为未来发展趋势
当前智能家居厂商仍以智能单品或体系内产品互联为主，用户对于不同厂商产品的互联互通需求强烈，标准化网络协议、接口协议实现不同系统兼容互联亟待实现。

3　智能家居从年轻群体向更多圈层渗透
年轻群体作为智能产品的尝鲜者和推广者，催生出智能家居需求场景，与此同时，随着智能家居产品操作的便捷化，逐渐向更多家庭成员拓展，更多针对细分人群如银发人群的产品问世。

Source：QuestMobile 研究院，2022年10月；根据公开资料整理。

本章内容

- 01. 行业发展演变历程

- 02. 商业盈利模式

- 03. 汽车智能化发展及趋势

- 04. 家居智能化发展及趋势

- 05. 可穿戴智能化发展及趋势

随着用户对自身运动健康监测、亲人智慧关怀等需求的提升，智能穿戴行业发展迅速，MAU突破1亿大关

智能穿戴APP行业月活跃用户规模

Source：QuestMobile TRUTH 中国移动互联网数据库，2022年9月。

智能穿戴APP行业以高线级城市及"80后""90后"用户为主，受到家庭有孩群体的偏爱

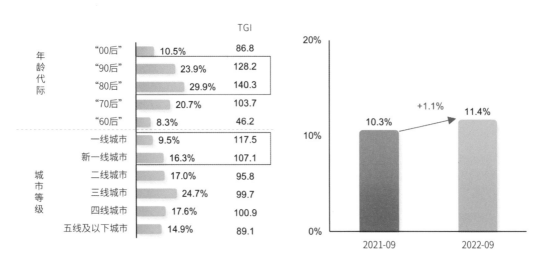

2022年9月 智能穿戴APP行业用户画像分布　　　有孩人群对于智能穿戴APP行业活跃渗透率

注：TGI=目标行业某个标签属性的月活跃占比/全网具有该标签属性的月活跃占比×100。
Source： QuestMobile GROWTH 用户画像标签数据库，2022年9月。

当前智能穿戴产品以手表、手环类率先深入用户生活，基于可穿戴设备与手机终端的联动性，形成运动健康监测及社交/关怀两大类产品方向

	运动健康			社交/关怀		
赛道特征：	与旗下手表、手环、体脂称等终端设备数据联动，提供更全面数据监测服务，同时，围绕肥胖、失眠等健康问题提供减脂、助眠等专业指导付费服务			基于手表与手机的联动，实现家长对孩子的实时信息连接，与此同时，促成了孩子之间的特有社交工具		
所属公司：	华为	vivo	OPPO	小天才	华为	小米
APP名称：	华为运动健康	vivo运动健康	Hey Tap健康	小天才	智能关怀	米兔

智能穿戴行业典型APP特征

Source：QuestMobile研究院，2022年10月；根据公开资料整理。

华为终端覆盖在智能穿戴领域发挥优势，旗下运动健康应用规模已接近5000万量级，小天才、vivo、OPPO、小米旗下应用快速增长

单位：万台　　　　　　　　■2021-09　■2022-09

所属公司	华为	小天才	vivo	华为	OPPO	小米
同比增速	−0.8%	28.0%	67.5%	25.0%	1.9%	42.3%

华为运动健康：4745
小天才：1307
vivo运动健康：942
智能关怀：749
HeyTap健康：618
米兔：382

典型智能穿戴APP月活跃用户规模

Source：QuestMobile TRUTH中国移动互联网数据库，2022年9月。

可穿戴智能化行业发展趋势

1   与智能家居、智能汽车等领域加强联动
随着物联网的发展，各类智能型设备实现互联交互成为趋势，生态、整体体验为重要创新方向，通过可穿戴设备实现对家电家居设备、智能汽车操控等场景，带动可穿戴品类的发展。

2   医疗级可穿戴设备赛道成为新方向
医疗、健康监测等需求加速可穿戴设备医疗级进度，苹果、华为等终端厂商已纷纷在穿戴医疗级赛道开启布局。随着我国人口老龄化趋势加重，各类慢性病监测需求庞大，也意味着医疗级可穿戴赛道广阔的市场空间。同时，医疗级认证难、技术要求高、研发投入时间及资金需求大等难题亟待解决。

3   "元宇宙"热度助推VR设备发展
随着"元宇宙"概念的兴起以及5G时代的到来，VR产业步入新一轮产品迭代周期。游戏、影音等娱乐场景率先发展，VR购物、教育学习等更多元场景逐渐形成雏形，未来或将改变各个行业的形态。

Source：QuestMobile研究院，2022年10月；根据公开资料整理。

第十五篇章

企业案例 & 热点话题

数字化创新企业案例

① 百视TV平台价值提升成功案例

② 宝宝树全域布局，"品效合一"谋求长期发展

③ 芒果TV品牌价值分析

④ 001 汽车之家联手央视打造818科技盛会 按下汽车行业消费复苏"快进键"

　　002 "元宇宙"赋能汽车新零售，汽车之家引领购车体验变革

⑤ 亲宝宝数字化营销成功案例

⑥ 小米商业营销：沃尔沃双屏合作案例

企业家对话热点话题

① 啃"硬骨头"，打造媒体融合的上海模式

② 布局全域流量生态，破局新增长

③ Web3.0时代机遇

④ 做品牌必然是要追求长效价值，践行长期主义

⑤ 跨终端服务布局是一片蓝海

本章内容

- 01. 数字化创新企业案例

- 02.企业家对话热点话题

数字化创新企业案例一

企业「黄金十年」经典案例展示

百视TV平台价值提升成功案例

百视TV扩展内容版块赋能平台价值

- 案例选题：内容平台价值提升

- 企业名称：百视TV

- 案例实施时间：2020年9月至今

01 | 背景/环境

　　2020年百视TV成立时，移动互联网用户规模的增长已近天花板，流量红利消退。综合视频平台也面临用户增长放缓的情况。传统广电向互联网新媒体融合如芒果TV的发展路径，已无法简单复制。

单位：亿台

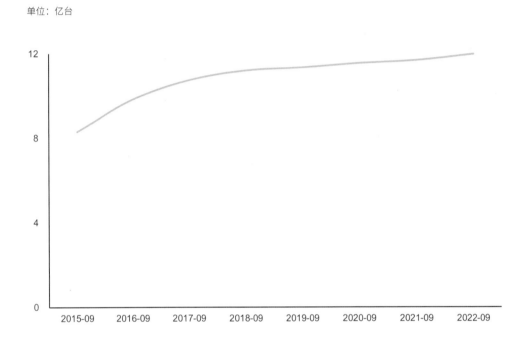

2015年9月—2022年9月移动互联网用户规模

Source： QuestMobile TRUTH 中国移动互联网数据库，2022年9月。

　　百视TV需要找到一种生产机制，以跟上现有的传播机制，在这种情况下，自建平台就显得尤为重要。但是百视TV要成为一个自建平台，要解决两个问题，一个是机制问题，一个是变现问题。

　　在机制问题的解决方面，先是通过拆分独立缩短汇报层级，提高执行效率，然后进行资本化。2021年底上海东方龙新媒体有限公司成为混合制公司，SMG、东方明珠只占50%股权，其他是来自央企、国企的战略投资人。

　　运行机制的转变，使得百视TV更像是一家互联网公司，公司80%以上的员工来自市场，主要业务负责人都是互联网人。

　　机制问题解决了，接下来是变现问题。流量是变现的基础，优质"内容"是在线视频平台的核心竞争力，持续打造爆款内容是平台价值的重要体现。

02 | 目的/目标

当时SMG已经有了阿基米德、看看新闻KNews和第一财经这些移动端、分类领域的拳头产品。对于百视TV来说，需要有一个清晰的IP，就像芒果TV的IP是"青春"一样。

在跟东方卫视包括融东方进行捆绑式发展之后，百视TV迎来第一波用户数增长，有了一定的基础流量。在这个过程中，适合百视TV的模式慢慢变得清晰起来，那就是"生活"。

"精彩生活，不旁观""品质生活"成为百视TV的品牌口号和核心理念。

百视TV抓住"生活"这条线，以教育、健康、体育为主要切入点，深耕各个板块，以契合用户需求的内容构筑自己的护城河。通过优质内容吸引关注，通过情感共鸣产生消费，通过品质服务满足需求，积极探索"内容+电商"的产业生态融合新路径。

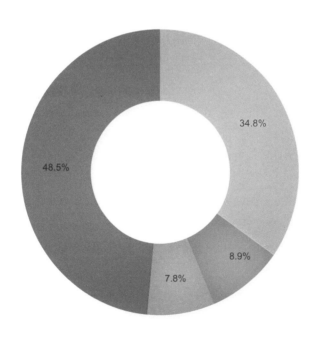

百视TV各频道播放量占比

Source：百视TV官方公布数据。

03 | 策略/实施

Step Ⅰ：以疫情下教育线上化为契机引入教育内容服务板块

在上海市教委的授权下，打通上海名师资源，不超纲、不超时，严格遵守减负要求；及时把握家长诉求，满足"提高+补差"两项刚需。

因"疫情而生"的上海空中课堂，在百视TV平台完成了产品化升级。打造出"自主学习中心"+"家长陪伴学校"两条业务线。

常态化在线服务，除了授课日外，在暑假期间保持提供在线服务。

百视TV空中课堂的"两大学习体系"

自主学习中心
- 日常学习-点播，"学—练—评"学习闭环
- 3级综合课程体系
  - 基础课程：教材章节
  - 提高课程：知识点体系
  - 培优课程：综合素养
- 3大学习辅助工具
  - 错题本、课堂笔记、学习报告

家长课堂
- 家庭陪伴学校—直播，全流程服务
- 家长陪伴课程
  - 教家长如何辅助孩子学习
- 课程产品形态
  - 直播公开课、线上专题直播课
  - 线上训练营、线下专项辅导

Step Ⅱ：在中小学教育内容基础上扩展服务人群

移动互联网用户群体中老年人占比不断提升，线上消费行为也更加普遍，"银发经济"崛起。QuestMobile数据显示截至2022年9月，51岁以上用户占比超过25%。

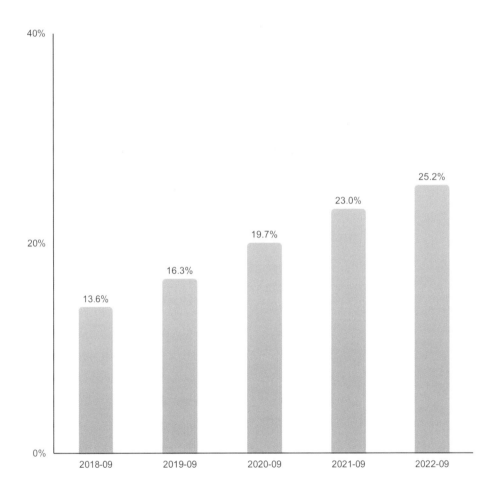

2018年9月—2022年9月 互联网用户中51岁以上用户占比

Source: QuestMobile TRUTH中国移动互联网数据库，2022年9月。

百视TV在"空中课堂"的基础上，深耕拓展在线教育垂直领域，面向50+人群打造全媒体终身教育平台"金色学堂"，为50+人群提供精准、智慧、适需的教育服务，尤其让老年人不再局限于教学空间限制，拥有更具自由度和个性化的学习体验。持续以优质内容供给，夯实平台内容基础、丰富独家产品矩阵。

Step III：汇聚头部健康IP，践行"内容+服务"

百视TV依托自身平台运营优势，在协同助力沪上知名三甲医院不断推出具有品牌特色、通俗易懂的科普内容的同时，进一步整合社会各方资源搭建健康公益平台，并持续将智慧科普、精准科普深入辐射至社区，为百姓带来便捷健康"云服务"。

先后上线"X诊所""名医话养生""活过100岁""名医坐堂"等栏目，会聚上海三甲医院主任、副主任医师，专家率占比超过30%。沿袭"看到即享到"的平台特色，医生在线直播、回答用户提问。同时医院和平台为VIP提供收费服务，包括专家门诊挂号服务等。

卫健委、广电总局等九部委发文后，各商业化平台直播大健康相关内容，需要相应的牌照许可。而百视TV拥有四个SMG头部健康IP，不仅合规，还拥有长达10年以上的市场口碑和用户信赖度。

百视TV为IP团队提供医疗产品数字化解决方案、赋能医院/医生分诊人群的数据分析能力、赋能医院直播能力提升，针对不同类型的受众搭建了具有标签性质的内容传播矩阵与私域维护渠道，通过"组合拳"的方式实现直播内容的价值最大化。

Step Ⅳ：扩展体育板块获取新的流量增量

体育是百视TV扩展的另一个内容板块，在引入大型体育IP NBA 后，一方面通过技术手段更好地平衡直播流畅性、稳定性和高清画质体验，提升观赛体感。另一方面采用"主播陪你看NBA"的模式，百视TV的主播们用聊天的方式解说的同时与球迷进行互动，为球迷带来沉浸式的互动观赛体验，这是百视TV在面对内容差异化竞争的一项重要举措。

另外，联手 NBA 共同推出"Bes Tation 巡回展"， 在NBA主题藏品展区展示NBA总冠军奖杯、现役NBA超级球星球衣，以及限量版球鞋等珍贵展品，让球迷一饱眼福。

此外，推出国内首档泛体育生活脱口秀《开麦总冠军》，节目的口号是"上场即人生"，以体育明星做嘉宾为"表"，以传递体育精神为"里"，传递正能量。

单位：万台　　　——2021年　　　——2022年

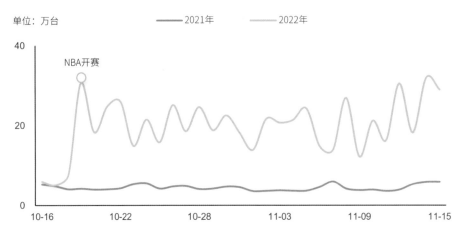

NBA 2022—2023赛季开播后百视TV APP日活跃用户数同比变化

Source： QuestMobile TRUTH 中国移动互联网数据库，2022年11月。

04 ｜ 收效/成果

2021年12月，百视TV月活跃用户规模达到441万，1—12月月复合增长率达到17.9%，进入中国移动互联网黑马APP榜单。

截至2022年7月，百视TV累计用户数约959万户，日均播放量为234.4万，视频点播场景日户均使用时长约为156分钟。

暑期，观看百视TV空中课程人数达到57万（独立用户）， 每日在线观看人数为4.4万（独立用户），人均日访问时长为31分钟， 页面浏览次数达606万。知识点和错题本累计使用用户5.5 万人，234万次的答题次数，10000小时的停留市场，月人均答题次数35次。

2021年上半年APP用户规模增长TOP榜（节选）：

QUEST MOBILE

TRUTH 2021

App用户规模增长TOP榜

2021半年度中国移动互联网实力价值榜

查看完整榜单

序号	行业分类	App名称		2021年6月MAU(万)	同比增长率
1	手机壁纸	元	元气桌面壁纸	174.59	7835.91%
2	学前教育		瓜瓜龙启蒙	204.17	4593.56%
3	益智休闲		我眼神儿贼好	115.03	3671.48%
4	用车服务		花小猪打车	998.06	3608.88%
5	模拟经营		小森生活	136.52	3418.56%
6	幽默段子		皮皮虾极速版	352.93	3390.90%
7	社群电商		十荟团	220.52	3147.72%
8	消除游戏		经典消星星	127.04	2541.16%
9	在线视频		百视TV	127.93	2196.77%
10	用车服务		花小猪司机端	302.02	1968.63%
11	预约挂号		医鹿	222.99	1784.95%
12	杂志报纸		北国	164.67	1748.15%
13	传统棋牌		JJ象棋	603.00	1570.36%
14	智能家居		云蚁物联	173.83	1568.23%
15	社区交友		爱发电	148.45	1368.35%
16	预约挂号		健康中山	175.88	1354.76%
17	车主服务		上汽大众	103.45	1286.73%
18	学前教育		小熊艺术	114.57	1187.30%
19	手机动漫		易次元	162.20	1153.48%
20	手机动漫		PicoPico	173.43	895.58%

05 | 案例亮点

1.结合内容优化实现产品形态转型升级

改版上线空中课堂首页，产品形态逐步实现向横屏的大方向过渡转变。

2.精细化内容运营刷新用户体验

频道首页内容运营趋于精品精细化，增加节目热度排行榜、影人集、追番日历、卫视热播等更多功能性和创意性的内容策划，刷新用户使用体验。

数字化创新企业案例二

企业「黄金十年」经典案例展示

宝宝树全域布局，"品效合一"谋求长期发展

- 案例选题：产品创新经验分享

- 企业名称：宝宝树

- 案例实施时间：2021年9月至今

01｜背景/环境

母婴行业整体进入成熟发展阶段。在后疫情时代，母婴行业机遇和挑战并存。

国家颁布"三孩""双减""3岁以下婴幼儿个护所得税专项附加扣除"政策等，对母婴行业市场规模和消费潜能提供了政策保障支持；从养育"宝宝"到"宝宝与宝妈共同成长"理念的深入，新一代养育家庭消费理念升级，有利于消费潜能的释放；伴随5G、AI等技术的发展和应用，新科技促进母婴产品的智能化发展，满足用户的个性化的需求。

在新机遇促进行业发展的同时，新的行业挑战也不容忽。首先随着线上内容视频化，用户触媒习惯的改变为母婴行业带来新的挑战，其次人口红利渐行渐远，母婴行业的存量竞争日益加剧，如何挖掘存量价值是母婴行业面临的重要课题。

为进一步全面满足用户需求升级与母婴家庭产业发展趋势，宝宝树于2022年升级企业发展使命愿景，明确以"构建全球母婴家庭幸福生态系统"为愿景，以"满足新一代母婴用户优生优育、交流交友、健康成长、优选购物四大需求，让全球母婴家庭共享美好生命旅程"为使命。同时，宝宝树升级"三纵三横 两翼齐飞"的战略布局，即精益运营、生态拓展、硬核科技三大核心能力建设叠加流量产品、消费产品、服务产品三大布局，融合投并购和国际化两大路径，赋能全产业上中下游高品质发展。

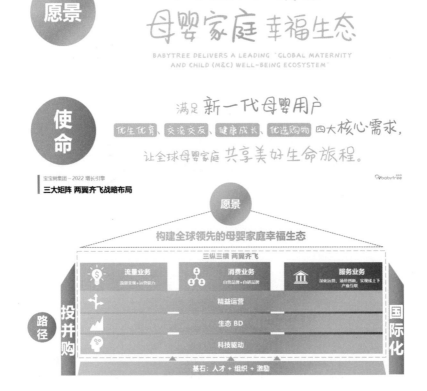

02 | 目的/目标

宝宝树"品效合一"商业运营体系，将三大核心能力深植母婴家庭消费全链路，助力商业合作伙伴建立品牌影响力、产品竞争力以及用户运营力，从而实现转化效果与供应效率的提升。同时，整合复星C端全球家庭用户市场，2Link端全球供应链及渠道布局能力，M端全球选品、智造及多产业赛道布局，以及全球投融资布局与资源整合能力，消弭产业供给端与用户需求端之间的壁垒。

以宝宝树C2M业务为例，宝宝树围绕用户深度洞察，打造母婴家庭用户消费应用平台。即根据不同策略选择不同的合作模式与合作伙伴：以全域整合营销解决方案打造联名专定，以全球供应链溯源与整合营销打造自营产品，以科研产品力、供应链能力及整合营销能力打造自研产品。

如何实现品效合一，生态共赢？宝宝树创新推出"品效合一"解决方案，深度赋能合作伙伴提质增效，意在通过母婴新营销环境，重构"品效合一"内涵；以宝宝树全生态布局，打造"品效合一"能力；宝宝树携手品牌共创"品效合一"解法。

03 | 策略/实施

第一步：母婴新营销环境重构"品效合一"内涵

新一代育儿母婴家庭的消费趋势出现精细育儿、功能消费、成分党妈妈和尝鲜育儿等，即母婴群体出现多元、个性化的消费需求。面对复杂多变的消费需求，企业需要去洞察并满足母婴群体的需求，从而驱动购买行为。在购买决策的过程中，消费心理学依据购物决策方式，将品类分为2种，一种是低参与度的品类，依靠直觉购买；一种是高参与度的品类，依靠理性决策购买。通过以上分类，母婴产品属于理性决策购买的产品，就需要企业精准营销促进消费者的理性决策，实现"种草"到"拔草"的闭环链路。

目前品牌营销面临4大挑战：消费者多元化带来价值观多元化，舆论环境变得复杂，导致消费者行为难以洞察；营销平台流量见顶，品牌间流量竞争加剧，难以实现流量突围；同一广告主题适应不同特征媒体，但跨媒介整合难度增大；同时媒介使用和广告媒介的投放转化率降低，广告投放ROI提升乏力。

母婴品牌营销4大挑战

面对理性的母婴用户，极具挑战的营销环境，品牌建设的重要性再度凸显，品牌的价值穿越周期，将有限的预算投入到ROI更高的媒介渠道。宝宝树对品效合一进行更深入的解读，即秉持长期主义投入建设品牌力、产品力，实现对消费者的心智占领；同时兼顾资源有限性，短期内实现更好的营销成果，即通过资源整合提效、渠道链路提效和用户价值挖掘提效实现整体转化效率的提升。

第二步：宝宝树生态布局，打造"品效合一"能力

宝宝树打造母婴家庭全周期服务体系，构建"健康、快乐、富足"的母婴家庭幸福生态。在母婴家庭全生命周期内，进行全场景产品布局、内容生态建设、精准服务和智选商品。

宝宝树顺应用户和行业趋势，布局全域用户生态、全用户生命周期拓展、深度用户洞察研究、品效全链路深耕，构建母婴家庭生态。

全域用户生态布局，以线上线下全域场景布局，构建宝宝树独家流量生态，即以宝宝树孕育APP为核心，建立APP+微信群的双轨制服务用户的宝宝树微信社群，同时布局全域平台，分发高品质内容，打造全流量自媒体生态实现外域场景建设。

顺应用户&行业趋势，宝宝树布局领先的母婴家庭生态

全用户生命周期拓展，以核心孕产人群进行育儿人群和孕育阶段拓展，凝聚中国年轻家庭消费中坚力量，更年轻、更多元化的新生代育儿"后浪"。

深度用户洞察研究，升级母婴产业研究院，全方位赋能品牌洞悉消费需求、构建核心竞争力。产品端C2M产品研发深度赋能产品、渠道和品牌，打造母婴消费品整体解决方案，提升母婴生活消费品质。同时通过母婴行业研究和专家微咨询丰富用户的研究，实现对用户需求的精准匹配。

　　品效全链路深耕，前链路"品"— 整合全网资源，为品牌打造全域营销解决方案。线上线下的多类型整合营销IP项目，实现全域营销资源的整合。线上实施策略包含签约应采儿女士为2022宝宝树首席育儿官与宝妈一同倡导健康育儿；其次开展宝宝树星推计划，联合全网近万名KOC打造口碑推广解决方案。线下场景拓展，即医疗场景、早教场景和幼儿园等场景的延展覆盖。

　　品效全链路深耕，后链路"效"— 多方位全渠道线上线下销售服务，赋能品牌生意增长。构建社区电商，实现电商营销闭环；建立品牌自有群进行品牌定制化运营策略；线下母婴渠道，实现母婴店联动；对于外域分销渠道，提供宝宝树一站式全域解决方案营销。品效合一不单单是品牌的目标也是宝宝树升级后的重要能力，通过品效合一实现流量赋能和能力赋能。

第三步：宝宝树携手品牌，共创"品效合一"解法

宝宝树品效合一营销解决方案，从精准人群链接，对用户心智教育及全域场景强化，实现多维度转化提效。多维度转化提效从源头拉新、电商共振、渠道拓展、私域运营和会员增值进行——突破转化提效。

模式1-【品牌教育+源头拉新】，进行源头用户全链路布局，深化品牌认知，俘获宝贵的"第一单"新客；模式2-【全域营销+电商共振】，即宝宝树平台官方造势，引领母婴用户消费大趋势；模式3-【场景拓展+渠道拓展】，进行多渠道承接打通销售路径，助力品牌构建创新营销及销售场景；模式4-【全域营销+电商共振】即在公域精准圈定人群，进行品牌沟通，私域进行品牌沉淀，持续运营；模式5-【会员增值服务共创】，复星&宝宝树&品牌会员生态联合，共创大会员生态体系。

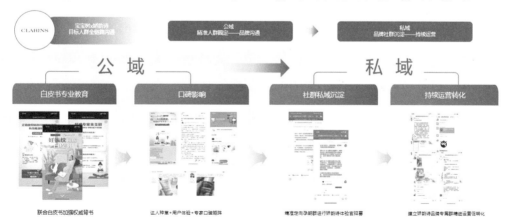

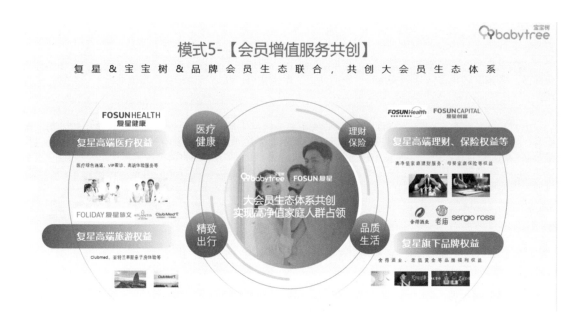

04 | 收效/成果

通过重构"品效合一"内涵、能力和解法，宝宝树实现了商业化模式升级，即从"流量商业化"向"能力商业化"升级。宝宝树能力商业化发展，开启了售卖私域运营的能力和全域整合营销能力的模式。

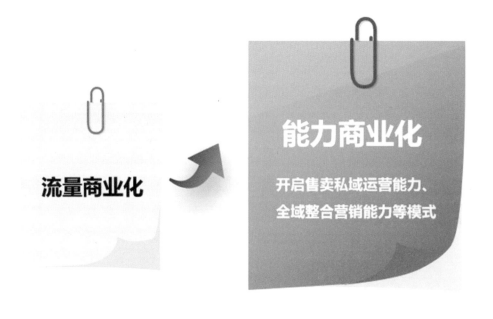

宝宝树能力商业化升级，具体体现在深度母婴用户洞察能力、整合营销全案能力、专业内容体系生产能力和跨界创意事件营销能力，并以此赋能品牌的发展。

以整合营销全案能力为示例—宝宝树×咿儿润，婴幼儿洗护行业竞争越来越激烈，新生代妈妈群体更加青睐专业性产品，咿儿润作为新晋品牌，急需找到自身品牌定位，打造品牌全域营销策略，占据婴童洗护行业市场一席之地。宝宝树为咿儿润提供从品牌定位梳理→全网营销打法→教育内容构建全方位解决方案，助力咿儿润与新生代妈妈沟通，与婴童洗护品类占据专业认知席位。

05 | 案例亮点

宝宝树对"品效合一"再思考，将"品"-用户需求心智、品牌认知心智和消费信任心智，与"效"-资源整合提效、渠道链路提效、用户价值挖掘提效进行有效整合，全方位实现母婴营销环境洞察和品牌的长期建设。

宝宝树构建母婴家庭全周期服务体系，布局母婴家庭生态。在数字化发展的时代，通过线上线下相结合延展母婴服务周期和覆盖更多母婴场景。在母婴家庭全周期服务体系下，实现了品牌与用户之间的有效沟通，对品牌全方位赋能的同时满足消费者需求，并帮助品牌构建核心竞争力。

宝宝树通过品效合一的营销解决方案，实现了商业模式的升级，宝宝树与品牌的双赢发展，即以"品效合一"的能力赋能更多品牌实现母婴用户的深度洞察、跨界创意事件营销、整合营销等。

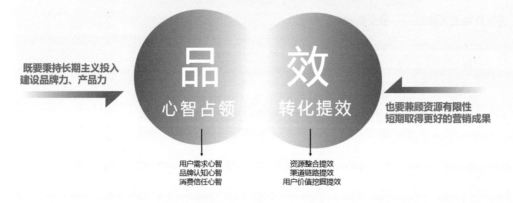

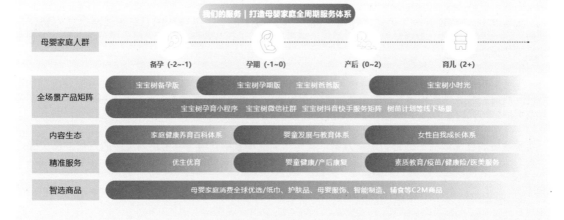

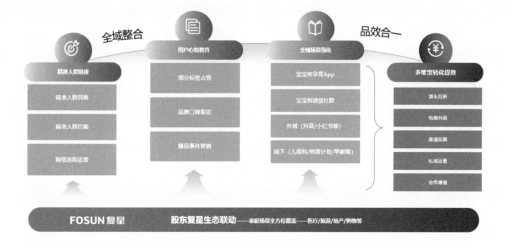

数字化创新企业案例三

企业「黄金十年」经典案例展示

芒果TV品牌价值分析

- 案例选题：品牌价值分析

- 企业名称：芒果TV

- 案例实施时间：2021年10月至今

01 | 背景/环境

　　9月22日，2022年《亚洲品牌500强》揭榜，湖南广电品牌价值突破千亿大关，达到1009.82亿元，列总榜第91位，较上年提升1位，稳居亚洲广播电视行业第2位，仅次于中国中央广播电视总台。在2022年7月已发布的2022年第19届《中国500最具价值品牌》中，湖南广电排名升至总榜第66位，稳居省级广电第一。

　　2022年，湖南广电积极探索建设主流新媒体集团，坚持把社会效益放在首位，坚守长视频赛道，不断壮大主流阵地，纵深推进湖南卫视、芒果TV双平台深度融合，进一步优化机制体制，在全媒体格局中的传播力、影响力、引导力、公信力不断提升。湖南卫视继续引领省级卫视营收第一，芒果超媒牢牢站稳国有视频企业第一，芒果TV连续6年实现盈利、稳居行业第一阵营。在建设主流新媒体集团的征途中，湖南广电取得了良好的社会效益与经济效益。

02 | 目的/目标

用价值确定性和内容链接力穿越不确定性的周期

当市场下行，品牌韧性和抵御风险能力深受考验。在历史的周期波动中，唯拥有品牌生命力方能屹立不倒。真正能够穿越周期者，一定是拥有牢固价值底座和差异化品牌人格的企业。用价值确定性和内容链接力，穿越不确定性的周期，是芒系给出的答案。

面对行业不确定性，湖南卫视、芒果TV率先走出融媒之路，应答媒体发展趋势，超强国民性头部省级卫视平台和位列第一阵营的互联网长视频平台强强联手。

面对生产的不确定性，融合带来了团队生产力的高度解放和创新力的持续加强，双平台拥有77个剧综内容自制团队，是市场最大内容制作中台，创新机制保障内容生产的持续生命力。

面对趋势的不确定性，完善的内容生产评估机制，中心化管理运营给项目综合评估预判提供极大保障。

面对渠道的不确定性，融合给品牌带来的不仅是用户的叠加效应，更多是整合的全站式采买体系，基于全域传播的投放组合技术和超高性价比的ROI回报率。

通过内容引领实现可持续增长，也是未来长视频媒体的发展之道。湖南广电率先突破，进一步推动双平台深度融合，以持之以恒的内容工匠精神，解答行业和社会的时代内容诉求，在不稳定的市场环境中，可以给予品牌合作稳定坚实的保障。

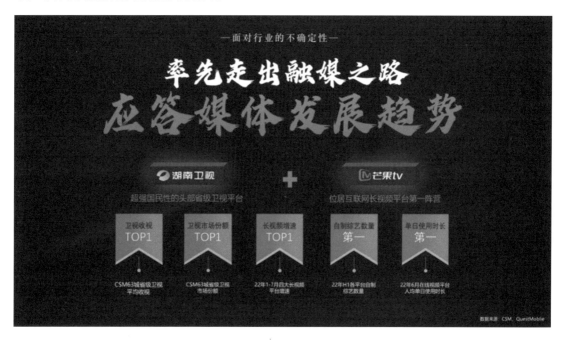

03 | 策略/实施

1. 筑牢主流新媒体集团主流阵地

2021年，湖南卫视全天、晚间、黄金档在索福瑞全国网稳居省级卫视第一，累计观众规模达9.7亿；芒果TV付费会员过5000万，主流阵地版图不断扩张。

一是精心做好新闻宣传。湖南卫视《湖南新闻联播》等主新闻栏目和芒果TV、风芒等新媒体主平台常态化实施"头条工程""置顶工程"，从《学"讲话"六堂课》到《牢记殷殷嘱托、奋力谱写湖南新篇章》，从《沿着总书记指引的方向》到《百年奋斗 十大经验》，用心用情做好习近平新时代中国特色社会主义思想宣传。党史学习教育宣传浓墨重彩，党的十九届六中全会精神传播"快足新准"。紧扣"三高四新"战略定位和使命任务，以新闻大片创新表达方式，以大直播凸显主流气质，以大传播实现主流影响，省第十二次党代会宣传全媒体矩阵传播，创新表达方式，《新山乡巨变》等新闻宣传力作传遍三湘四水、影响全国。2021年，湖南广电共获得9个中国新闻奖，其中《从十八洞村到沙洲村》《一张照片背后的七年》获一等奖。

二是敢于攀登文艺高峰。全面奏响"庆祝建党百年主题交响乐"，主推《百年正青春》《理想照耀中国》《百炼成钢》《百炼成钢·党史上的今天》《选择》《为有牺牲》等16个重点项目，以恢宏的艺术想象力、丰富的情境表现力和扎实的价值穿透力，掀起庆祝建党百年宣传高潮。以文娱领域综合治理为契机，湖南卫视升级"青春中国"，大胆创新转型，三个月推出《时光音乐会》《云上的小店》《向你致敬》等小而美的文化公益类节目，频道面貌焕然一新。《中国》《岳麓书院》《傲娇的湘菜》等纪录片弘扬传统文化，厚植家国情怀。《跨年晚会》《乘风破浪的姐姐》《披荆斩棘的哥哥》等精品综艺激扬大流量，弘扬正能量。

三是做好新时代国际传播。全新升级芒果TV国际APP，截至2022年12月，芒果TV国际APP下载量已超过1.1亿，海外业务服务覆盖全球超过195个国家和地区，推进中国故事全球化表达。芒果TV在YouTube位居华语视频内容官方频道第一。湖南国际频道覆盖4000万海内外用户。一批烙印着正能量、青春态的芒果内容成功出海，综艺《一键倾心》签约发行意大利，自制剧《理智派生活》是Netflix 2021年独家采购的首部华语剧集，电视剧《我在他乡挺好的》荣获国家广电总局"2021年度优秀海外传播作品"。

2. 打造主流新媒体集团融合生态

在媒体深度融合的大背景下，湖南广电加强顶层设计，优化资源配置，推动全平台融合升级，芒果生态更优。

一是体制机制创新保融合。制定《"十四五"发展规划》《媒体深度融合三年行动计划》，成立媒体融合发展创新中心，探索媒体深度融合的产业模式。湖南卫视与芒果TV建立双平台共创共享机制，团队、项目、资金彼此开放，卫视全年40个文艺节目在芒果TV播出，芒果TV 7个节目反向输出卫视。双平台共同打造首个台网联动的周播剧场"芒果季风"，6部剧集上屏播出，保持同时段六网省级卫视第一，探索树立行业新标杆。

二是市场配置资源强融合。芒果超媒成功募资45亿元，中国移动成为第二大股东，业务构架全面梳理，管理效率不断提升。芒果TV与咪咕签署不低于35亿元的战略协议，进一步优化产业布局。电广传媒"文旅+投资"战略初见成效，达晨财智累计IPO上市120家，稳居国内创投第一方阵。重点项目"芒果城"被列入湖南省"十四五"文旅发展规划。大力实施"潇湘电影"重振计划,投入3亿元成立当燃影业,培育市场化基因,聚焦精品内容生产。

三是构建互联网平台新集群促融合。进一步做优芒果TV,深挖内容护城河,构建多元、稳健、可持续的经营管理模式。打造新潮国货平台小芒电商,实现双平台优质IP品牌植入,长视频商业变现能力进一步增强。上线短视频平台"风芒"APP,扛起新闻主力军挺进主战场的使命任务。芒果5G智慧电台,实现百频共创、千频传播,服务签约超900家合作电台。

3. 构筑主流新媒体集团坚实底座

为进一步构建具有竞争活力的主流新媒体集团,湖南广电充分依托中台建设,强化管理、技术以及人才创新,品牌活力更强。

一是持续推进中台建设和管理创新。打造以 "大财务""大审计""大法务"为核心的精细化经营管理体系,建立更为科学的双效考核机制,实施双月经营调度会、财务人员委派、设立内部审计人才库等重大创新,上线人力资源、资产财务管理、产权管理、招标采购等信息化平台,沉淀数据,赋能中台。

二是加速打造新技术底座。依托"IP化、云化、智能化"建设理念,以"七彩盒子"为技术中台,湖南广电正在建设全国第一个真正的全媒体融合技术系统。聚合5G重点实验室、芒果TV的研发能力,推出"小漾" "YAOYAO"等数字虚拟人,上线首场虚拟演唱会。2021年湖南广电获得国际技术大奖3项,国家级技术奖励51个,技术专利38项,参与制定技术标准11项。

三是持续激发全媒体人才活力。用市场办法向市场要人才,探索内部人才流动机制。鼓励"小芒电商"让富有战斗力的年轻人承担重要职责,一批青年骨干迅速成长;发动"芒果青年说"面向全集团吸纳提案,发掘青年创意;参与"好记者讲好故事"推优年轻记者挺进全国十强;承办国际音视频算法大赛吸引高精尖人才大胆角力;号召青年人驻村益阳市木溪口村,助力国家乡村振兴建设;"我为群众办实事"实践活动共完成4624件实事,想民之所想、解民之所需,进一步凝聚了人才的向心力。

目前,湖南广电会聚了3700多名内容创意人才、2000多名技术工程师,一个集纳人才、内容、技术、平台、资本为一体的主流新媒体集团的大模样已然呈现,马栏山上朝气蓬勃、青春洋溢。

4. 开拓全新增长极

一是广告拓界多样化，挖掘IP赛道价值。2022年，芒果逐步完善平台线上广告技术，以子弹广告、OTT破屏等多样化的形式增强体验感；同时以IP内容发力线下，打造赛道经济模式。借力迷综带IP《大侦探》《密室大逃脱》，芒果在2021年布局线下实景娱乐赛道，创立自营品牌MCITY，开启"剧本杀"元年；2022年，以《花儿与少年·露营季》为起点，契合当下最火热的年轻社交场景，芒果全新推出"巡演计划"，开启"露营经济"又一潜力增长赛道。

"巡野计划"以城市露营派对的新消费形式，构建了一个结合线上内容+线下露营基地+场景化内容交互平台。森林音乐会+户外脱口秀+天幕集市多场景串联，人们在轻露营中重拾生活的烟火气，品牌也为重振线下市场接入一股强心剂。

拥有赛道价值的IP不再是一年一季即收官，而是以新的场景、新的形式，长线运营，与观众、与品牌做长情的陪伴。

二是IP二次传播，精细化运营。多样化、难以聚焦的媒体环境下，长视频IP以其"沉浸感"和"陪伴性"的独特优势，展现出无可替代的价值。从节目本身延伸到全平台的深度连接，合作品牌通过IP共鸣在全媒体产生二次传播，营销全新升级。《披荆斩棘》金典定制微博话题、发起抖音挑战赛，《乘风破浪》IP授权电商导流、联动品牌超话……多个组合拳皆以IP为核心圆点，多渠道、精细化运营，为品牌塑造更好的长尾效应。通过内容的二次共创、节目艺人授权、私域流量池搭建等，芒果将品牌营销触达社交"种草"、热点资讯、电商直播等多元用户场景，IP的商业价值扩展至全媒体平台。

　　三是内容+电商，打造自生态闭环。"上小芒发现新潮国货。"区别于传统电商，背靠湖南广电的小芒作为新潮国货内容电商，连接芒系IP与国货消费品牌。秉持延伸双平台IP产业链的重要使命，小芒电商补齐了长视频商业兑现难的短板。

　　多个芒系头部综艺IP、季风剧集IP注入小芒，搭建小芒内容社区强化用户互动；双平台多档自制节目提供营销资源，为小芒导流。广告品牌深入节目IP做价值延伸，入驻小芒即享有的IP联盟增值权益、站内围绕青年圈层的创新玩法也成为合作品牌全年营销的新关注点。

04｜收效/成果

1. 湖南卫视&芒果TV双平台融合

系统化内容生产体系

恪守内容引领，湖南卫视和芒果TV在视频行业操盘了高达80%的主流综艺，成为行业内容生产的"标杆"。双平台融合王炸舰队集结，共储备了48个自制综艺制作团队、29个影视制作团队、34个新芒计划战略工作室，打造了国内最大的内容生产智库，为平台构建了系统化的内容生产体系。双平台将提高政治站位，坚持价值引领，重磅推出《思想的旅程》、《这10年·一直感动着我们》矩阵、《第十四届金鹰节晚会》、《石榴花开3》、《中国之治》、《党的女儿2》等，以优异成绩迎接二十大胜利召开。

王牌IP迭代

两档卫视王牌节目《你好，星期六》《天天向上》全新升级；王牌制作人张一蓓带来首档青春文化养成综艺秀《美好年华万联社》；芒系推理节目全线打通，王牌制作人晏吉携手《大侦探》《密室大逃脱》《女子推理社》《推理开始了》四大新老IP聚合，持续发力迷综赛道；《花儿与少年》《中餐厅》《妻子的浪漫旅行》《时光音乐会》《大湾仔的夜》等综N代也将强势回归。

全新节目创制

基于趋势判断，关注社会趋势、文化趋势、科技趋势，双平台热血综艺和青春榜样综艺齐发。聚焦国防教育的《真正的勇士》、展现经营农场的《牧野家族》、关注美术生凸显青春气息的《会画少年的天空》、青年学子辩论节目《学长，请指教》；除了让网友感慨"音综还得看芒果"的《声生不息》，双平台将重磅推出由洪啸工作室倾情打造的超S音综《声生不息·宝岛季》；国货综艺《好样的！国牌》、深度挖掘潮流文化街区魅力的《城市中的桃花源》以及重塑赶集文化等将掀起新一轮综艺热潮。

吸引高消费潜力年轻群体

用户体量上，2022年9月芒果TV APP月活跃用户达2.69亿人，日均活跃用户达4607.8万人。用户使用黏性上，芒果TV人均单日使用时长73.8分钟，45.0%用户单日使用时长在30分钟以上。用户流动性上，芒果TV 2022年9月新安装用户数 2267.8万人。用户构成上，芒果TV深受年轻女性喜爱，女性占比达73.2%，19~35岁人群占比达61.3%，居行业首位。此部分年轻人群正处于事业/学业上升期和成熟期，有提高生活品质的强烈需求，具有更高的消费潜力，且 2022年9月芒果TV高消费意愿用户渗透率高于行业平均水平，位列第一。此外，芒果TV在一线、新一线、二线城市占比达45.9%，显著高于市场平均水平，会聚了更多高线潜力城市的高品质人群；同时，强势渗透下沉市场，充分挖掘县乡人群用户价值。

2. 从大芒计划到"小芒电商"，构建长视频"内容+"新解法

大芒计划致力于打造芒系中短视频内容矩阵

大芒计划承担着芒果TV中短视频内容生产和消费业态，现已开发大芒短剧、大芒轻综艺系列化内容厂牌，致力于打造芒系中短视频内容矩阵。同时，大芒计划依托芒果TV版权及自制优势，着力完善平台"长短联动"内容系体，积极打造芒系复合型内容生态。

大芒计划率先打造微短剧口碑内容厂牌【大芒短剧】，针对微短剧用户碎片化追剧习惯，量身定制专属场景页面【下饭剧场】，并于大暑假期间推出【今夏片场】、大寒假期间推出【冬藏片场】；同时着眼于探索中视频综艺的"新"解题思路，打造了【大芒轻综艺】厂牌，陆续推出多垂类题材项目获得口碑与流量"双赢"；自2020年以来，大芒计划共计上线短剧项目218档，轻综艺项目45档，节目流量不断攀升，成为平台流量新增长极。已出圈多部亿级关注度内容：短剧《虚颜》站内页面播放量6.3亿，全网总曝光量破24亿；短剧《念念无明》站内页面播放量6.2亿，全网总曝光量破29亿；轻综艺《去野吧！毛孩子》站内页面播放量1.1亿，全网总曝光量破4亿。

大芒计划依托芒果TV平台优势，围绕中视频行业上下游全产业链积极开拓内容共创模式，致力于推进全行业内容生态的良性发展。

在行业上下游联动上，芒果TV大芒计划工作室与番茄小说、最小光圈影业达成战略合作，融汇平台方、IP方、制作团队三方在内容制作与把控以及网络文学IP储备上的优势，共建产业链条，推动优质文学作品与影视剧的共生互惠。大芒计划还与喜马拉雅、达盛传媒达成战略合作，三方以喜马拉雅旗下奇迹文学优质网文IP为蓝本，共同开发短剧。该模式首创音频、视频双平台同步联播，快速打通书、影、音，实现IP效能转化，最大化释放IP的价值。

在移动互联网跨界合作上，中国移动咪咕与芒果TV"大芒计划"在2022年中国金鸡百花电影节主论坛活动"5G数智新时代元宇宙发展论坛"上，联合公布共创合作计划。未来双方将携手探索短剧与5G视频彩铃的新融合、新模式、新玩法，推动短剧行业创新发展。

在精品内容开发上，大芒短剧重点牵手头部专业影视公司，加速微短剧制作精品化进程，共同推动网络视听作品登"高原"、攀"高峰"。五元文化承制的短剧《别惹白鸽》，以女性互助立意，在"她力量"悬疑的极致垂类里凸现品质匠心，豆瓣开分7.6分，获全网好评；嘉行传媒承制的短剧《钦天异闻录》，构建沉浸式武侠奇幻世界观，成为行业视觉系精品内容。此外，新世相、网易娱乐、米读小说、稻草熊影业等传媒品牌均与"大芒计划"在内容开发展开深度合作与探索。

小芒电商开启"视频+内容+电商"的全新视频内容电商模式

六年前，在湖南卫视百亿收入的巅峰时期，湖南广电启动了芒果TV"独播战略"，目标是形成湖南卫视、芒果TV "双核驱动"的全媒体发展格局。而今天，湖南广电亟须再造一个新的战略赛道，一方面作为未来布局的"第二增长曲线"，一方面拓展新业务，形成更丰富和完善的芒果生态，进一步加固芒果的内容护城河。

这个新赛道就是做电商。面对5G兴起，互联网领域视频化的趋势，"电商"成为下一个视频化的风口。芒果TV现在要做的是一个前所未有的电商模式 — 它以内容为根基，用内容引发共鸣，以共鸣创造需求，需求拉动消费，最终形成以"视频+内容+电商"的全新视频内容电商模式。显然，这个模式是建立在深度挖掘芒果TV内容和用户的价值之上，也将进一步丰富芒果超媒的生态拼图。

芒果TV全新电商平台命名为"小芒"，聚焦内容电商，以内容为根基，打造"种草+割草"的完整闭环。小芒电商将依据芒果TV消费者特点来整合供应链，甄选大众类商品以及定制版市场稀缺品。基于芒果TV内容制作优势，小芒电商将甄选定制尖货在综艺、电视剧IP中进行深度植入，并引入品牌主理机制，打造艺人联名品牌，组织包括艺人在内的大量KOL参与商品的"种草"。

在大众化商品销售上，小芒电商将采取"精选+会员"的模式，形成以货为基础，以明星艺人联名或推荐来迅速聚集流量，以内容为手段来提升用户购买意愿的核心模式，最终形成人、货、内容互相并存、互相促进的有机生态。

05 | 案例亮点

2022年的综艺市场，芒果IP持续霸占舆论话题主流。《乘风破浪》第三季首播破3亿播量，微博主榜热搜70+次；《声生不息·港乐季》全民高分推荐，节目歌曲连续近40天上榜QQ音乐；《向往的生活》第六季连续8周微博综艺影响力第一……多档节目口碑热度双丰收，芒果又一次成为媒体娱乐IP的翘楚，在新商业进化的变革中，深入台网融合的芒果模式在业内出圈。

湖南广电建设主流新媒体集团的另一个重要探索，是打造短视频平台"风芒"APP。面向青年、引领新风尚，风芒基于短视频逻辑的平台面貌，助力用户获取全球资讯，记录美好生活，进一步丰富芒系社交传播资源。

湖南卫视、芒果TV、小芒电商和风芒APP强强联合，芒果自此形成了聚合多端资源的IP内容场、小芒内容电商场、风芒短视频资讯场、线下实景娱乐场等多场域的布局。

湖南卫视&芒果TV以青春中国、天生青春为旗号，在做强主流新媒体平台这一策略下，正在以不断创新的姿态走出自己独特的路子。

本文资料来源：芒果官方数据

数字化创新企业案例四「一」

企业「黄金十年」经典案例展示

汽车之家联手央视打造818科技盛会 按下汽车行业消费复苏"快进键"

- 案例选题：产品创新经验分享

- 企业名称：汽车之家

- 案例实施时间：2022年8月18日

01 | 背景/环境

2019年车市寒冬初现，整体市场持续负增长。2020年伊始，受疫情影响，车市销量呈现断崖式下滑。汽车产业是国民经济重要的支柱产业之一，产业链长、关联度高、就业面广、消费拉动效应大，促进汽车消费、激活市场成为当务之急。国家针对汽车消费市场发布多项新政，从免征车辆购置税、促进机动车报废更新、加强新能源汽车充电桩建设等方面，鼓励汽车消费。

另一方面，线下场景受困促使汽车行业线上化进程加速，线上平台成为汽车需求释放新渠道，亦是品牌突围新阵地。随着智能化、车联网趋势逐渐显著，汽车的主流消费群体逐渐年轻化，新涌入的消费者人群更加注重汽车的娱乐及融合性体验，青睐能实现场景、内容、社交、流量全覆盖的新型营销方式。

基于以上背景环境，汽车之家将"互联网+"的概念融入传统汽车行业与现代娱乐产业中，用更燃更炸更潮流的方式呈现汽车文化，展现汽车魅力，以唤起大众共鸣。"818全球汽车节"始创于2019年，是汽车之家为提振车市消费信心，助推中国汽车品牌向上而发起的全球性营销活动，经过四年沉淀，目前已成为汽车行业的超级IP。

"818"汽车节具有"618""双11"等电商购物节同等量级的流量号召力，在重置"人货场"，实现品牌与消费者零距离沟通的同时，对于促进后疫情时代汽车行业的回暖更是有着重要意义。

02 | 目的/目标

作为"内容+工具+交易平台",汽车之家以助力中国汽车产业蓬勃发展为使命,为消费者提供优质的汽车消费和汽车生活服务,通过技术赋能汽车营销全产业链,降低行业交易成本,推动汽车产业健康有序发展。汽车之家"818全球汽车节"以赋能中国汽车产业发展为己任,作为衔接消费者和主机厂、经销商的盛会,具有激活汽车服务平台的引擎作用,从"视、听、感"等多重方面满足更多用户的沉浸式逛展需求。

在汽车之家"生态化战略"的指引下,"818全球汽车节"联动C端消费者,B端主机厂、经销商、二手车商等汽车行业各类参与者,与平安生态深度协同和融合,打造看车、买车、用车、换车的一体化平台服务矩阵,为用户提供丰富多样的多重福利。

汽车之家818带来的跨界联合、异业联动的传播效应倍增。在营销侧,汽车之家818的相关活动,用更加精准的用户微观画像,锁定潜在客户、意向客户等分层用户,实现展销一体,真正带来"经济效应"。在流量承接上,汽车之家发挥其平台优势与供应链资源优势,实现精准用户的留存与转化,为汽车品牌企业的营销赋能。

2022年,汽车之家联手央视打造818科技盛会,以权威央视领衔百家媒体,打造最高规格传播矩阵;线上线下购车路径全覆盖,构建最快转化销售力场,助攻厂商品牌向上和销量提速。通过包括央视权威栏目、汽车之家定制IP以及24场不断流直播等在内的多重内容引擎,深挖品牌产品力、深度触达品牌车友、引燃品牌全时空关注,打造出车圈现象级系列营销活动。

03 | 策略/实施

汽车之家联合央视打造818科技盛会

2022年8月18日晚,《汽车之家818·聚光向未来》主题晚会同步登录CCTV-2央视财经频道、汽车之家APP、哔哩哔哩、优酷以及汽车之家、央视频、央视财经全媒体账号,一经开播便点燃观众热情,引起极大关注和反响。

汽车之家用艺术与科技的共振,开启了一场"智见未来"的畅想之旅。晚会从内容到形式再到传播全方位升级,为观众打开不同寻常的极致感官体验。整场晚会一改往届唱跳拼盘模式,将晚会升级为"主题宣讲+主题大秀"模式,充分开掘"思想+艺术+技术"的创新融合潜力。

本场晚会聚焦四个"升级"—内容升级:七重未来畅想,创新内容呈现思想盛宴;感官升级:拥抱数字技术,创新形式呈现视觉盛宴;互动升级:央视大屏协同多平台同步直播,创新口碑互动效率;沟通升级:车企展现精彩纷呈,创新品牌沟通方式。

在内容上,818全球汽车节的主线包含看车、买车、用车、换车等环节,话题围绕时下热点,包括芯片、智能互联、环保、新能源汽车、智能出行等。让内容紧扣爱车年轻人喜欢的东西。晚会会聚国内外顶级汽车领域专家、跨行业科学家,搭建跨领域多向交流平台,赋能行业产业发展,展现国家尖端科技成果的落地输出,激发年轻人对于科技探索的热情。

本场《汽车之家818·聚光向未来》主题晚会是对当今尖端应用科技成果的一次集中展示,也是对未来汽车技术发展的无限展望。

七场空间大秀 打造全球首场汽车元宇宙盛宴

2022年度818晚会以"聚光向未来"为主题，将未来之光分解为智慧之心、躯壳之艺、科技之灵、万物之躯、人性之本、共生之群和创新之翼七重环节，并对应芯片、智能互联、环保等当下汽车科技的7个前瞻方向。

此次晚会采用了实体舞台+虚拟舞台的双舞台形式，11个虚拟现实场景将视觉艺术与汽车科技深度融合，将人类社会对汽车未来的憧憬搬到现实。在光与影、声与乐的碰撞中，汽车之家大秀元宇宙实力，不仅在舞美呈现上打造三维立体的虚拟场景，汽车之家AI体验官宫玖羽的精彩亮相更是将科技感氛围拉满。

晚会邀请科学家、艺术家、各领域专家齐聚晚会舞台，以跨领域、前瞻性的视角进行主题宣讲，从七个不同维度展开了对未来的畅想。嫦娥三号探测器副总设计师贾阳，导演尹力&霍建起，中国女排原总教练郎平，北京大学光华管理学院院长刘俏，演员徐百慧，联合国环境署青年行动先锋关晓彤&王嘉，中国无腿攀登珠峰第一人夏伯渝七组行业跨界大咖，在这场科技盛宴中完成了跨界分享。

汽车之家本次还结合晚会的7大主题以及7家合作车企的品牌理念，设计了当下炙手可热的数字艺术藏品—数字时光胶囊，以展现人们对未来汽车和未来出行的畅想。

整场晚会在虚实结合中完成了新科技智慧美学与汽车文化生态的碰撞与融合，正式开辟了营销类晚会的元宇宙时代。

新车一元秒杀 30亿补贴刺激汽车消费

作为一项专门为汽车爱好者打造的年度盛会，汽车之家"818全球汽车节"连续4年释放巨额福利补贴，为消费者打造名副其实的狂欢盛典。在2022年的晚会期间，3位超级"锦鲤"化身"手速王者"，成功抽中终极大奖—一元秒杀车（三年使用权）。此外，苹果电脑、手机、平板电脑、现金红包等超值礼品轮番放送，持续调动观众的"味蕾"，一步步将晚会精彩推向高潮。

除8月18日当晚的好礼之外，汽车之家还在整个818活动期间推出了"30亿真福利"硬核宠粉活动，包括看车礼、买车礼、新光礼、追光礼、用车礼、聚光礼、卖车礼七重好礼。其中，"安心到店购"活动将为需要看车的用户发放免费打车券"看车礼"，让用户实现0元打车到店；"买车礼"支持客户疫情下本地看车买车，一键即可获得喜爱车型最低报价，不仅可以享受购置税+2800元返现双重优惠，同时更有"1元秒杀车"大奖等待幸运"锦鲤"出现；"用车礼"则为客户提供了便携吸尘器、行车记录仪、小型保温箱等百种车载工具低价秒杀，让用车过程更加便捷舒适；而"卖车礼"为有卖车需求的客户准备了免费上门检测报价服务、车市行情报告、高额购置换补贴等超值福利，简化卖车流程，无缝衔接新车购置。除了看车、买车、用车、卖车四大经典场景外，本次"7色车生活"7重好礼还包括了追光礼、聚光礼、新光礼三大创意好礼。"追光礼"将带领广大用户参与818晚会超火玩法游戏，1元秒新车；"聚光礼"和"新光礼"则带领用户欣赏炫酷的汽车科技秀，探秘汽车元宇宙。汽车之家呼应当下最潮酷的元宇宙玩法，"818全球汽车节"期间，汽车之家还推出了元宇宙改装大赛，为爱车的朋友们提供了探索与想象的空间。

汽车之家在中国汽车产业求变之时打造刺激消费的样板活动，促进科技创新与实体经济深度融合，进一步提振了市场消费信心和消费意愿，成为疫后时代汽车消费复苏的一剂"强心针"，为实体经济高质量跨越式发展贡献力量。

碳中和报告现场发布 推动汽车产业绿色发展

自国家提出"双碳"目标后，作为碳排放的主要贡献者之一，汽车行业一直在围绕产业发展如何更好的与"双碳"目标相结合，做出积极的探讨。作为汽车行业的一站式生态平台，汽车之家一直注重企业社会责任建设，对推动汽车产业绿色转型责无旁贷。

关注绿色出行，促进人、车、生态的和谐发展，是本场晚会要表达的核心价值观之一。为了探明自身碳足迹，汽车之家对公司运营和上下游产业链产生的碳排放进行了科学核查，并形成了《汽车之家碳足迹与碳中和行动报告》，由汽车之家董事长兼CEO龙泉在晚会现场重磅发布。龙泉指出，汽车之家将在2030年实现运营碳中和，并表示："碳中和作为国家发展战略的重要部分，不仅是一场能源革命，也是一场广泛而深刻的经济社会系统性变革，而汽车之家作为具备数据发掘、技术应用、系统链接能力的汽车互联网平台，有责任和使命为行业绿色转型打牢数字基础。"

未来，汽车之家致力于打造与汽车产业链绿色转型相适应的一站式车生态平台，提高消费者绿色汽车消费意识，助力主机厂绿色车型开发和销售，赋能经销商绿色和数字化转型，促进二手车市场循环经济发展，做汽车产业低碳转型的发动机，为国家实现碳中和目标做出贡献。

04 | 收效/成果

2022年"818全球汽车节"全面升级，结合VR、XR、MR等最新视听数字技术，成功打造了一场史无前例的"汽车·科技·生态"晚会，同时也是全球首场汽车元宇宙盛会。截至8月18日当日，晚会全域节目曝光量127亿，全域互动平台热搜192个，微博热搜129个，霸榜微博主榜、娱乐榜、综艺榜、要闻榜、视频榜等多个榜单；晚会引发观众传播和二次创作热潮，长视频播放量破亿，短视频播放量7.3亿，全网互动访问量3.5亿。

在汽车之家的海量资源与强大技术支撑下，2022年的"818全球汽车节"推出了高达30亿的补贴福利，将多样的体验玩法、超高的性价比、超多的车企品牌一揽子送到用户面前。让用户尽情享受精彩车生活，破局疫情后市场。

随着营销方式的不断丰富和升级，汽车之家已成功将"818全球汽车节"打造成了集看车、买车、用车、换车体验于一体的一站式汽车服务矩阵。汽车之家也带动行业从车展走向车晚，将汽车之家818打造为了名副其实的超级IP。在造福广大用户的同时，打通新型行业链路，将品牌、厂商、客户深度连接，重塑了汽车行业的"人货场"格局，深化品牌营销，助推销量提升，为汽车产业带来新活力，树立了汽车行业现象级营销新标杆。

05 | 案例亮点

2022年《汽车之家818·聚光向未来》主题晚会是汽车行业的首个元宇宙盛会，也是第一个以汽车科技、文化、生态为主题的晚会。这意味着"车晚"将从纯娱乐的晚会升级为一场科技盛典，一改过往娱

乐化的晚会风格，用顶尖科技对撞极致艺术，以7重空间+3大核心板块的形式呈现，将实体舞台和虚拟舞台相结合，同时运用了AR技术，呈现出虚实结合的艺术效果，并用XR舞台呈现7个宣讲环节的虚拟环境。作为中国领先的汽车消费者在线服务平台公司，元宇宙潮流兴起后，汽车之家积极尝试为用户带来全新的感官体验。

汽车之家也将本次汽车节从线上落实到线下，举办"百城车展"活动。818百城车展基于汽车之家的"AI+大数据+云计算"技术，把车型和展厅真实还原到线上，搭建出众多品牌好车云集的沉浸式线上展馆。消费者可以先在线上充分了解到自己心仪品牌的车型配置、内饰细节、参数对比、真实底价、优惠政策等各方面信息，然后再有的放矢地去线下体验实车，免去线下反复多次奔波的烦恼。818百城车展覆盖全国百城，并严选本地热门商圈落展，人气旺盛，各种互动更加热闹，实现了边逛街边看车的自在体验。

汽车之家董事长兼CEO龙泉现场发布首份《汽车之家碳足迹与碳中和行动报告》，这是汽车之家为探明自身碳足迹，对公司运营和上下游产业链产生的碳排放进行科学核查而产生的，表明了汽车之家实现碳中和目标的决心，同时展现了汽车之家作为汽车领域的数字科技平台，以科技驱动持续降低行业决策和交易成本，全方位支持汽车产业，乃至交通运输行业的减碳行动的使命。

本文数据来源：汽车之家官方公开数据

数字化创新企业案例四「二」

企业「黄金十年」经典案例展示

"元宇宙"赋能汽车新零售，汽车之家引领购车体验变革

- 案例选题：平台商业化探索新方向

- 企业名称：汽车之家

- 案例实施时间：2022年9月至今

01 │ 背景/环境

近年来，随着汽车"新四化"大潮袭来，中国汽车业正在经历百年未有的变局，新的市场格局与产业供应链重塑之路正在开启。

根据中汽协数据，2022年1—9月我国汽车产销分别完成1963.2万辆和1947万辆，同比增长7.4%和4.4%。其中，新能源汽车产销同比继续保持高速增长势头，同比分别增长1.2倍和1.1倍，市场占有率达到23.5%，新能源汽车已成为推动汽车销量的主要引擎。

单位：万辆　　　　　　　　　■汽车总体　　■新能源汽车

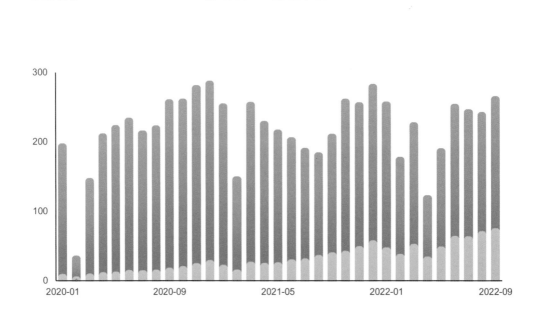

中国汽车月度销量

Source：中国汽车工业协会。

随着新能源市场日渐蓬勃，无论是传统车企还是新势力品牌在电气化过渡阶段动作越发频繁。对于消费者多品牌、多车型的选择固然是好事，但传统4S店或是线下直营模式的限制，使得消费者辗转多品牌的选车、购车之路，已然成为亟待解决的痛点。

作为行业领先的汽车消费和服务平台，汽车之家在改善用户购车体验上进行着不断的探索。伴随着元宇宙潮流的兴起，汽车之家以创新能力和科技实力率先尝试布局，通过汽车之家能源空间站为用户带来"以人为中心"的沉浸式看选试车服务。

02｜目的/目标

赋能营销变革 打造汽车零售新模式

现如今，中国汽车行业的新技术、新模式不断涌现，竞争格也越发多元。汽车潜客转化率低、获客线索成本高以及营销成本高成为各大主机厂和经销商的营销难题，激活存量用户，拓展增量空间也成为当前中国品牌主机厂在汽车红海市场争抢占位的重要思考。

汽车之家通过先发的科技优势以及创新性的用户体验赋能汽车营销产业链，推出能源空间站，不仅为用户打造了一站式"看选试"服务，更是赋能主机厂和经销商的营销变革，打造汽车零售的新模式。

对于主机厂而言，汽车之家能源空间站发挥元宇宙科技优势，以大数据、人工智能为依托，打破用户传统"看选试"去线下4S店"跑断腿"的刻板印象，让用户感受"在一家，货比三家"的体验。同时凭借汽车之家专业的内容支撑，从品牌、产品、技术优势、服务生态多维度向用户进行价值传递，降低用户决策成本，帮助主机厂挖掘新的用户增长点，实现降本增量。

对经销商而言，汽车之家能源空间站以全场景数字化服务，直接为经销商伙伴输送高质量的准订单（而非一个传统意义上的销售线索而已），大幅减少经销商DCC的呼叫量及销售顾问人力成本，赋能汽车经销商实现数字化转型。

汽车之家推出能源空间站，对新能源汽车品牌的营销、服务、用户运营等领域进行全新服务模式的创新，全面推动新能源汽车销售渠道的变革。

03 | 策略/实施

以人为中心，首创ABC模式

当前，新能源汽车消费正在从政策驱动迈入市场驱动的全新阶段。私人消费市场呈指数级增长，消费者观念日益成熟，对新能源概念的理解也逐步回归到产品与服务本身。正是基于对用户传统看车选车模式痛点的洞察，汽车之家首创ABC模式，赋能厂商营销变革，为用户打造更"有用"的体验。

在ABC模式之下，汽车之家能源空间站有效赋能传统4S店的运营，以元宇宙科技将看、选、试三大步骤打造为沉浸式的尊享交互服务。

ALL in one

一站式看选试车服务，在这里通过全息对比看车以及实车对比试驾，用户可以一站式对各种新能源汽车实现看车、选车、试车的完美体验，以更直观的产品对比体验让用户更省时。

Belong to customers

能源空间站还将为用户提供专享时空客观评价，实现专属服务空间免打扰，同时可看到汽车之家编辑专业、客观、公正的车辆评价，让用户更省心。

Creative technology

沉浸式元宇宙体验通过全息技术，实现1:1看车、拆车、同框对比看车等，为用户带来深度产品解析以及更真实的科技体验；而且能源空间站通过链接汽车之家实际测试数据打造最真实的虚拟用车体验，足不出户便可体验车辆加速、转弯、刹车、碰撞等用车场景，让用户更省力。

融通汽车文化新生态 让看选试车服务成为一种享受

购车人群愈加年轻化，Z世代已成为汽车消费的新主力。作为互联网原住民，他们拥有独特的价值观和行为准则，相比之前传统用户思维已经发生巨大转变。拥抱元宇宙科技，汽车之家能源空间站不仅是从更"有用"的看选试车方式作为发力点，更聚焦于借助前沿科技将其打造为一种"有料""有颜""有趣"的享受。

"有料"

汽车之家能源空间站拥有更加多元的硬核享受。在能源空间站内，用户可以享受到360°科普能源知识，涵盖6大能源以及电动车发展全历程。同时，借助能源柱、互动屏、知识墙等未来科技装备叠加出震撼视觉效果，同样为用户零距离触碰能源魅力创造契机。

"有颜"

在这个"颜值即正义"的时代，科技感拉满的元宇宙店面陈设风格和谷爱凌虚拟数字分身绝对是吸引Z世代用户的流量密码。毫无疑问，能够通过全息投影技术与谷爱凌数字人在异世界同框面对面沟通将会是一种全所未有的新奇体验。

"有趣"

在看选之余，用户可以通过心情饮料机、沉浸式MR游戏、脑波赛车等新奇有趣的互动体验放松身心。

04 | 收效/成果

目前，汽车之家坐落于上海市中心的首家能源空间体验店已经正式开业。480平方米的店内安放着全息体验仓等设施，店外则配备了一支试驾车队，目前涵盖40款车型。

与传统4S店不同，空间站内最大的亮点就是全息体验仓。在这里，用户可以以全息形式浏览多家品牌的车型，并直接进行一站式对比、选车、试车。新能源空间站是把线上的汽车之家搬到了线下，让用户对真车的体验更加具象化、立体化。比如，可以做到具体车型的拆解展示，并且将汽车之家独创的HS100车辆评级体系对每个车型的各个指标星级评级也纳入到全息舱中，使购车者可以更客观地了解车辆的各方面指标。空间站配备的试驾车队，也能一次性满足用户对比试驾多款汽车的需求。

相比传统到店体验，能源空间站能为用户省时省力。过去，用户选购汽车往往要花很长时间，跑数家4S店进行对比。但在汽车之家的能源空间站，对车型不甚了解的新客观看车型介绍、拆解、金融方案等，通常只需要20分钟左右，而具有明显购买倾向的用户用时更短。

对主机厂商来说，能源空间站则意味着降本增量和提高效率的新渠道。

相较于传统4S店小则3000平方米，大的有5000平方米，汽车之家的能源空间站则不到500平方米，极大地减少了建设成本和相关人员开支，但展示的汽车数量却远高于4S店，效率也极大提高。据汽车之家介绍，汽车之家从拿到参数到在空间站展示新车型，仅需35~40天，并且能直接为经销商输送高质量的准订单，从而实现用户端和行业端的双向赋能。

能源空间站与主机厂商的合作采取了按效果付费的模式。用户到店体验后，汽车之家会为主机厂商生成一份用户体验报告，当到店用户转化为订单用户后，主机厂才根据具体情况向汽车之家付费。

汽车之家表示，未来，汽车之家能源空间站将在全国各个城市迅速建设，通过不断科技创新降低行业交易成本，推动汽车产业健康有序发展。

05 | 亮点案例

在新能源汽车领域，很多品牌开创了"线上+线下"新型的服务模式，导致销售及售后服务渠道呈现碎片化，在服务标准上的差异化导致各品牌的服务体系、服务品质、人员素质等方面无法统一标准，行业整体服务水平有待提升。

　　基于对传统品牌服务模式及用户需求的洞察，汽车之家开创性地将有用、有颜、有料、有趣的"四有价值"与能源空间站相融合，以元宇宙科技将看、选、试、购四大步骤打造为沉浸式的尊享交互服务，旨在通过首创ABC购车新模式，以省时、省心、省力三大特色构建出有用的体验价值，可实现一站式看选试车服务、专享时空客观评价，沉浸式元宇宙体验。不仅如此，汽车之家能源空间融通汽车文化新生态，以有料的服务内容，为用户科普新能源知识，零距离触碰新能源魅力；以高颜值的网红店面及数字明星讲解，打造出有颜的视觉感受；以新奇及趣味的互动游戏，打造出有趣的购车体验。

　　汽车之家以开创性的汽车新零售模式，开启线下一站看选试车新体验，为中国汽车新能源零售市场升级提供了新的探索方向。

数字化创新企业案例五

企业「黄金十年」经典案例展示

亲宝宝数字化营销成功案例

亲宝宝与品牌进行数字化营销合作，助力品牌生意增长

- 案例选题：数字化营销

- 企业名称：亲宝宝

- 案例实施时间：2018年1月—2022年11月

01 | 背景/环境

2013年，亲宝宝APP研发上线之时，正值移动互联网高速发展期，中国家庭的育儿状况从"妈妈育儿"向"全家育儿"转变；从"经验式育儿"向"科学育儿"转变；隔代育儿情况成为中国的一大特色。

在这样的时代背景下，亲宝宝以运用科技的力量，帮助家庭更好地关爱和培育孩子为品牌使命；以全家行动、科学养育、陪伴成长为价值主张，搭建了围绕育儿家庭的产品体系。该产品体系由成长记录云空间、智能育儿助手、DTC产品构成，全方位满足年轻家庭的一站式育儿需求。

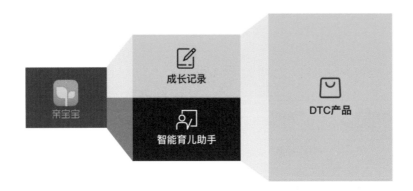

成长记录云空间，通过私密共享的云空间服务，将所有关注孩子成长的亲友都会聚到一起，让家人、亲友共同记录分享孩子成长，一起关爱孩子成长，永久保留最珍贵的记忆。云空间支持照片、视频、文字日记、疫苗记录、大事记、成长MV等丰富功能。云空间还具有评论、点赞、分享等社交元素。

成长记录云空间，真正做到一人上传全家共享，家人专属、安全私密、云端储存、永久保存。

智能育儿助手，基于大数据和AI技术，结合孩子年龄、成长发育水平等指标，针对每一个孩子（包括早产儿）的特性提供个性化养育指导。亲宝宝建立了一个由妇产科学、儿科学、营养学、发展心理学、教育学等专业人员组成的育儿团队，研究孕期及0-6岁的育儿理论，构建完整的"孕、育、教"内容体系，输出优质 PGC 内容。智能助手支持孕期知识、育儿要点、在家早教、今日听听、营养食谱、育儿问答等功能，为用户提供专业、可靠、科学、必要的育儿指导。0-6岁视频化的"在家早教"帮助家长在生活中系统地培养孩子的认知、语言、习惯、动作、社交能力。

DTC产品为用户提供纸尿裤、奶粉、零辅食、童装、玩具、喂养用品、洗护用品等多品类产品，且产品涉及300多个。DTC产品根据用户需求不断迭代更新，以满足用户的育儿消费需求。

10年的发展，亲宝宝本着"用户第一"的理念不断打磨产品，形成了出众的口碑及自传播效应，近几年一直稳居母婴亲子行业第一的地位，且目前仍有60%的新增用户来源于口碑。截至日前，亲宝宝注册用户超1亿，涵盖妈妈、爸爸、祖辈以及其他亲友人群。成长记录云空间累计上传照片超100亿张，累计上传视频超50亿分钟，智能育儿助手累计解决孕育早教问题上亿次。

与其他同类APP不同的是，亲宝宝核心功能"成长记录云空间"，使亲宝宝生命周期比其他母婴APP长。随着空间相册成长内容的积累，用户跨平台的转移成本增高，很难迁移到其他工具；与此同时，内容积累拉长用户的使用周期，从孕期到6岁，甚至到孩子长大成人。

家庭共育的模式和用户结构使得亲宝宝的用户增长效率、留存率、用户生命周期处于行业领先，获取了一个用户即获取了整个家庭，获客效率通过家庭杠杆实现成倍放大，家庭成员的互动参与使亲宝宝的活跃度、留存率远大于其他育儿平台。

用户通过记录工具培养了使用习惯及对平台的高忠诚度，孕育、社区、商城模块有效满足了家庭用户在育儿过程中的各类需求，活跃度再度加成。

单位：万次

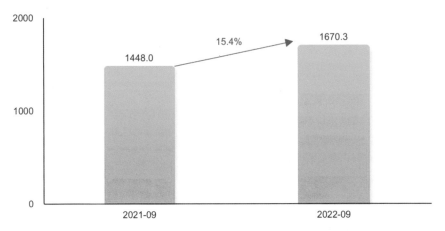

亲宝宝APP日均使用次数变化

Source：QuestMobile TRUTH 中国移动互联网数据库，2022年9月。

单位：次

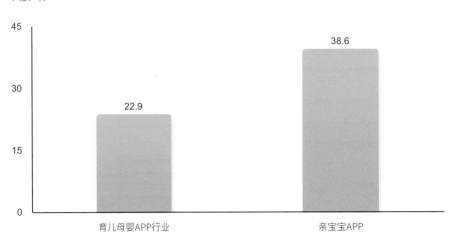

2022年9月 月人均使用次数

Source：QuestMobile TRUTH 中国移动互联网数据库，2022年9月。

02 | 目的/目标

亲宝宝以先进的技术，帮用户记录宝宝的成长过程；一流的育儿专家团队，提供优质的孕期、育儿服务。在此基础上，亲宝宝要建立科学育儿营销生态，赋能品牌增长。

亲宝宝的营销使命是以母婴家庭用户为核心，与品牌共建新一代家庭的育儿方式。亲宝宝依托平台优势，通过"圈层、专业、信赖"三大平台优势，击穿品牌生命全周期，针对性策略多维赋能推动品牌强势增长。

击穿品牌生命全周期，针对性策略多维赋能推动品牌强势增长

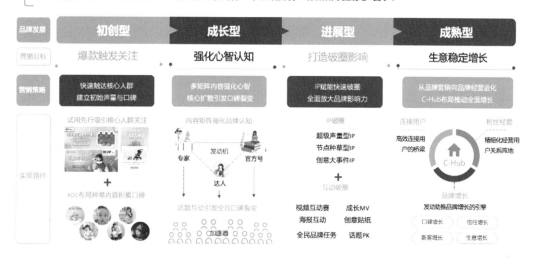

同时，亲宝宝基于独一无二的科学育儿体系持续创新传播内容，利用超强母婴家庭营销生态连接品牌和用户，构建人群交流通路，形成以平台IP为核心，辐射整合营销的全链路。

超强母婴家庭营销生态连接品牌和用户，构建人群交流通路

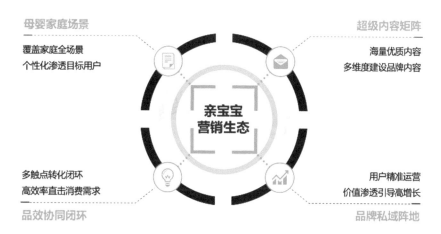

全链路-以平台IP内容为核心辐射整合营销链路

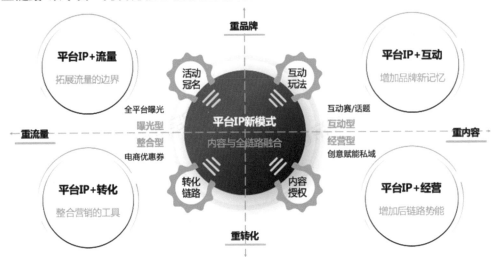

03 | 策略/实施

凭借以上优势，亲宝宝的营销布局涉及以下几个方面。

场景渗透：

家庭场景全面覆盖，精准触达渗透用户。

营销布局 | 场景渗透

渗透力 | 优质的产品力，四大母婴家庭场景全面覆盖

内容影响：

海量内容沟通赋能，高效教育提升信赖；家庭场景知识体系，满足细分需求定制。

经营沉淀：

运营数据多维赋能，助力品牌商业增长；C-Hub私域营销阵地，精准盘活品牌潜客。

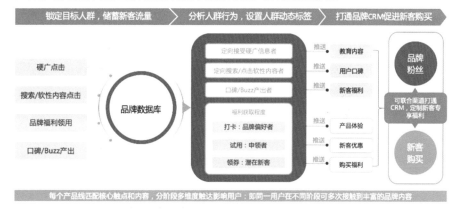

营销布局 | 经营沉淀

品牌私域阵地，持续经营助力用户渗透升级

用户触达
全平台多场景用户广泛触达
助力用户增长

口碑增长
全站渗透构建品牌优质口碑
助力信赖增长

内容定制
品牌私域内容体系沉浸教育
提升用户认知

消费转化
消费通路构建打造营销闭环
提升转化效率

数据赋能
用户个性标签精准触达沟通
提升营销效率

长效运营
品牌粉丝长期运营提升黏性
反哺品牌建设

创新互动：

通过定制海报、视频互动挑战赛、育儿联名礼包等趣味社交玩法引爆品牌声量。产品功能结合创意互动开启更多内容可能，激发用户群体参与，推动品牌互动升级沉淀口碑，从而实现认识品牌—信任品牌—"种草"的目的。

创新互动 | 晒娃玩法升级，花样百变的「定制海报」让萌娃一键「C位出道」
低参与门槛既满足用户花样晒娃需求，同时解决品牌在以往的晒图互动中「品牌露出不足」的问题

记录成长	节日限定	创意杂志	品牌场景	产品植入

识别宝宝名字和年龄 记录宝宝成长关键期	重要节日限定推出 锁定朋友圈素材	品牌元素打造创意杂志 宝宝秀场c位出道	结合品牌调性及需求 专属定制场景海报	产品形象，卖点植入海报 宝宝化身品牌种草官闪亮登场

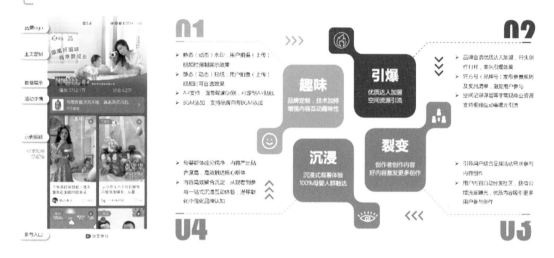

创新互动 | 视频互动赛打造全年沉浸式互动体验，引发高效社交裂变效应

头部平台专业背书：

亲宝宝联合品牌发布白皮书，传递科学育儿理念，提升品牌形象。

营销布局 | 经营沉淀

联合产出调研报告——传递科学育儿理念提升品牌形象

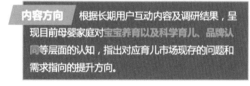

全渠道布局：

亲宝宝与多家机构达成战略合作，实现站内和站外的全方位循环。

亲宝宝精品IP/栏目打造：

亲宝宝独家IP案例"亲宝星计划"：海量达人参与，积极展示风采，项目实现现象级精准曝光13000万+，同时刷屏式种草强势赋能品牌营销，实现产品曝光的同时，"种草"热度达500万+。

此外，联合打造高热度精品栏目和专栏，有《高能实验室》《星品开箱记》《星咖会客厅》《王牌调查局》《同好种草会》《Mom练习生》《育儿专家说》等，通过多形式定制化内容，结合品牌特色输出内容，帮助品牌建立用户认知，为最后实现"种草"做有效的内容铺垫。

04 ｜ 收效/成果

亲宝宝已成为母婴行业内极具市场竞争力的品牌营销阵地。

商业化以来，亲宝宝已经为惠氏、美素佳儿、飞鹤、嘉宝、小皮、英氏、帮宝适等绝大多数母婴头部品牌提供形式多样的整合营销服务。与此同时，凭借独特的用户构成(妈妈、爸爸、祖辈和亲友)，更催生了宝马、戴森、雅诗兰黛、海蓝之谜、九阳等美妆、汽车、小家电等家庭生活品牌的合作。

*包括但不限于上述品牌

05 │ 亮点案例

亲宝宝X松达：

首个洗护C-Hub品牌阵地，合作塑造亲宝宝千万用户打call的洗护赛道专业国货品牌形象，共同为更多中国母婴家庭带来健康安全的专业护理服务。

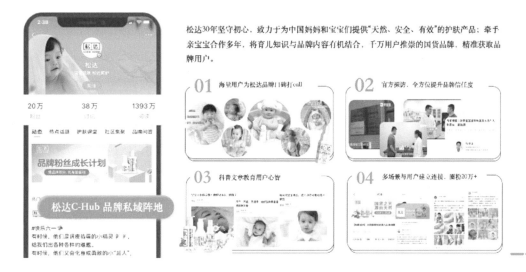

亲宝宝X飞鹤：

内容聚力多维互动强化品牌定位认知，联手亲宝宝将品牌与用户紧密连接，成就国产奶粉第一品牌，为中国孩子提供新鲜好奶粉！

长隆X亲宝宝：

洞察后疫情时代下中国亲子陪伴诉求，满足宝宝开拓视野探索世界的欲望，大幅提升长隆品牌力、好感度。

本文资料来源：亲宝宝官方公布数据

数字化创新企业案例六

企业「黄金十年」经典案例展示

小米商业营销：沃尔沃双屏合作案例

OTT+移动端AR联动，带给用户更强视觉冲击

- 案例选题：品牌数字化成功经验

- 企业名称：小米

- 案例实施时间：2022年6月1日—6月19日

01｜背景/环境

后疫情时代，去户外逐渐成为了大家的"同一个梦想"，近期居高不下的"露营热"正是这种梦想的集中折射。这个春天，面对不稳定且散点式的疫情突发，外出的梦想变得更为奢侈。

一边是人们强烈的出行愿景，一边则是因为疫情而不得不"控制灵魂对自由的渴望"。于车企而言，面对这组自疫情以来相伴相生的矛盾心态，如何以愿景促生共鸣和关注，助力自身巩固与用户的情感联结、抢占用户心智、进而促成转化成为营销的关键。

02｜目的/目标

疫情之下，手机、平板、PC等设备出货量增长渐显疲态。蝴蝶振翅，直接给营销行业带来一场风暴—移动互联网大盘用户规模趋于饱和，网络广告等向来灵光的营销渠道渐趋疲软。

流量红利似乎就要见顶，偏偏又有异军突起。相较于PC、手机，面对居家时间更长、留在客厅时间更多的用户，OTT大屏不仅能够带来更震撼的视听体验，且能实现对家庭场景的全触达，受众是趋于年轻化且拥有更高收入的"客厅拥有者"，再加上天然具备互联网平台的智能投放能力，跻身品牌新宠自是水到渠成。

沃尔沃携手小米营销，极具创新性地借助AR技术，以OTT、手机双屏联动，实现"足不出门享受美好风景"，完成了一波漂亮的品牌战役。

03｜策略/实施

如果说搭载OTT是媒介渠道的融合求新，那么AR的创新玩法，则赋能沃尔沃带给用户更强的视觉冲击，以及更具深度的品牌交互体验。

纵观整个体验链路，用户使用手机扫描品牌号中的AR小程序码，进入"沃享AR世界"小程序，再选择高圆圆、许知远、罗翔任一明星名人，即可开启进入对应的大小屏互动流程。

按照提示将手机摄像头对准OTT大屏的品牌号画面，直接开启AR跟踪识别，识别成功即可在手机小屏上出现对应的明星阐述品牌理念，并有对应的XC90车型路跑画面。

另外，AR试驾功能也被整合其中：当手机画面上出现沃尔沃Logo标识的穿越门，用户点击即可进入XC90的车内场景，720°旋转观看车内饰及车型亮点介绍，点击下车，直接进入AR场景的沉浸式体验，转身即可通过穿越门返回现实场景。

04 ｜收效/成果

从技术效用层面审视，疫情之下AR技术的使用，在汽车行业成为大势所趋。借助AR技术，用户可跳脱对XC90产品的平面认知，以720°的视角更具主观互动性地了解汽车的内饰、外观和设计细节。尤其"沃享AR世界"小程序为有意了解或者想要参与试驾的用户提供参与渠道，将流量直接转化为潜在客流量。当用户体验完毕这场"心灵之旅"后，点击OTT端入口预约到店试驾，即可更亲密地接触品牌与产品，实现由云端对门店的直接赋能，有效提升到店转化率。

而在人群洞察与情感共鸣维度，选择高圆圆、许知远、罗翔代品牌发声，可谓精准击中重点客群，美好户外景色的呈现则显得分外应景。"不加修饰，反而能禁得起时间历练""朴素的问题，更可能通向答案""爱人如己，保护他人，就是勇敢的保护彼此"在AR加持下，用户能够跟随不同人物的视角，沉浸式探寻爱与生命的意义。面对疫情和充满变动的世界，这样的探索和追问无疑更具意义。

用户端的数据也说明了这一切。据悉，6月短短6天时间内，AR曝光超过350万，全景互动次数就达到了2484次，车内场景互动次数为1955次，而此次沃尔沃XC90品牌战役在OTT端的总曝光量也超过5亿。

05 ｜案例亮点

恰如内容营销之父乔·普利兹所言，"内容营销的重点不是品牌、产品和服务，它的重点只有一个—你的用户"。回顾沃尔沃与小米营销的这波品牌战役，在洞察用户内心需求的基础上，OTT大屏与手机小屏跨越联动，AR穿越虚拟与现实沉浸融为一体，在以技术手段实现了居家环境下大规模触达的同时，又借助内容的力量与用户加深情感层面沟通。整套"组合拳"不仅增加了用户对品牌的正向价值引导，还实现了对地面门店最大限度的导流引客。一场有"智"又有"情"的品牌战役，理当如是。

本文资料来源：小米监测数据

案例笔记与心得

本章内容

- 01.数字化创新企业案例

- 02.企业家对话热点话题

企业家对话热点话题 一

市场热点话题企业「高管」探讨

啃"硬骨头"，打造媒体融合的上海模式

- 话题选题：媒体发展模式

- 企业名称：百视TV

方佶敏 │ 百视TV总经理

观点总结：

　　市场正在发生深层次的变化，而这个变化证明我们最初的策略是对的—从原来的内容招商到给品牌定制内容，落地品效合一的商业模式。现在的百视TV是通过"内容+服务"的一个个垂直赛道，把用户口碑做起来。

　　转型一定要知道自己身上哪样东西是最强的、最有差异性的，拿这个东西先去打透，而不是一上来就集体转。互联网发展必须差异化，简单模仿肯定不行。

百视TV的路径，概括而言，就是通过啃机制、变现这两根"硬骨头"，解决媒体转型的深层次问题，让融合更加持续、持久。无论是SMG之内还是放到媒体融合全国竞争来看，道理都一样，只有做强才有机会。

啃"硬骨头"，打造媒体融合的上海模式

媒体转型一定要搭上这座城市的数字化转型，上海的路线就是搭建新消费模式，用内容引导生活方式。

"精彩生活不旁观 SMG 视频流媒体平台百视 TV 媒体融合探索"入选"2022年全国广播电视媒体融合典型案例"，并且在前不久国家广电总局公布的"新时代·新品牌·新影响"广电媒体融合新品牌名单中，百视 TV入选为平台品牌。

入围广电媒体融合新品牌和媒体融合典型案例，这正是对上海模式的肯定。

百视TV与一般广电流媒体的发展路径不同，一开始就在想怎么差异化。可以说我们从一开始就在啃"硬骨头"。外部投资人、互联网化、市场化构成了机制变革的重要背景，而对电商业务的搭建和消费闭环的重视则鲜明体现了百视TV发展重心的差异。

在看看新闻KNews、阿基米德等早已开启媒体融合的当下，作为SMG的后发选手，百视TV面临的压力可想而知。尤其在媒体融合走入深水区，亟待攻坚解决深层次问题的背景下，百视TV证明自己的路径，就是"活下去"。

我们最初的感觉是没有抓手，缺乏一个清晰的IP。在跟东方卫视包括融东方进行捆绑式发展之后，百视TV迎来第一波用户数增长，有了基础流量。在这个过程中，适合百视TV的模式慢慢浮出水面—就像芒果TV的IP是青春，百视TV在上海，它的IP应该是"生活"，所以就有了"精彩生活，不旁观"的品牌口号和"品质生活"的核心理念。

抓住生活这条线，2022年我们深耕一个个小板块，这些变化到2023年就会显现出来。在一个中台的基础上，我们发力教育、体育、健康、生活、美食、美妆、家居、母婴、亲子等垂直赛道（统称为"百享生活"业务线）。

其中，教育、体育、医疗等垂直板块迅速发展，教育的"自主学习+家长学堂"、体育的"兴趣+KOL陪伴"、医疗的"在线科普"都成了用户喜爱的工具及产品。投资人很看重这个IP，因为每个赛道都带着商业模式，尤其是体育、教育、健康已经比较成熟了。

这当然是因为资本市场也在发生变化，原来的逻辑是"成为谷歌"—规模做到一定程度就实现垄断，垄断了就有利润，但现在的资本市场是"被迫理性"的—要赚钱，要有正向现金流。

现在做传播，在第三方平台上很难赚钱，补贴也少了，从第三方分到的钱远远不足以养活一个号，因此自建平台很重要。百视TV要成为一个自建平台，有两根"硬骨头"，一个是机制问题，一个是变现问题。

2021年我作总结时说，每次给百视TV松绑，就会发展得快一点。第一次是把东方龙从百视通剥离出来，成为上市公司的一级子公司，汇报层级缩短，执行效率大大提高。第二次是资本化，2021年底上海东方龙新媒体有限公司成为混合制公司，SMG、东方明珠只占50%股权，其他是来自央企、国企的战略

投资人。

百视TV上除了上海的内容，浙江、江苏的也不少，我们完全是市场化的平台。最不一样的是氛围，我很喜欢所有人来了就跟我们谈钱。谈钱就对了，就要按照市场的原则。2022年发展到第三年，我非常希望能继续维持市场化的运作方式，把通路打出来。

到目前为止，百视TV一直坚守最初的两个战略任务：一是IP自由，二是数据自有。从前者来说，台里现在推行融东方的改革，和我们一样在行进之中。后者就是百视TV重点在做的，有数据才能有用户画像。

数据就是先进生产力。2022年4月，我们把2021年所有注册用户的画像、行为数据都洗出来了，到了7月，已经可以做到48小时做出一个颗粒度很细的用户画像报告。

这些颗粒度是可以给广告主、品牌方看的，是可以招商的，广告主能够据此实际了解用户的在线消费行为。传统意义上的广告市场在崩盘，小屏必须通过精准数据做到品效合一。我们自己的内容团队也能据此很快作决策。

近期百视TV新版本推出了"兴趣"，就是在基础数据之上作信息流混推，磨炼中台的数据能力。接商单的前提是用户画像要精准，2023年我们还可能会做到实时出报告。

2021年布局垂直赛道确实是延续了SMG多年的积累，SMG之前在旅游、健康、美食、教育、母婴、医疗上都有积累，尤其做本地生活服务很有心得。现在看来，SMG在很多领域的布局都有一定的前瞻性，我们眼下要做的就是不断重复过去做得对的事情。

百视TV"空中课堂"发展势头不错。随着新的中考、高考政策出来，从2022年3月14日开始，百视TV在授课日每天服务超过25万独立访问用户，人均停留时长超过49分钟。

健康赛道也异曲同工。由于没有牌照，很多平台都不被允许做医疗节目。江浙沪很多医院来找我们，做内容、做传播、做产品。

尤其是2022年上海疫情期间，百视TV和融东方一起将SMG王牌健康节目《X诊所》作了IP升级孵化，与沪上多家三甲医院达成战略合作，以"直播+互动问诊"为切入口，以全媒体传播生态体系为要点，打造了一个在医生身边、患者身边的直播常态空间。这为百视TV后续大健康内容生态的建设作了很好的探索。

数据运营、垂直布局是一体的，比如有些和大健康相关的品牌非常看重我们的分诊人群，就是觉得数据的匹配度很高。有时候我会想，未来百视TV或东方龙很可能成为一家垂直领域的数据公司，推出数据产品。

转化是最难的。不管是电商转化还是服务转化，还是要先做声量，再做垂直人群聚拢，然后才是转化。这个过程需要下功夫。现在我们着重做的是内部数据流打通，也就是内容创作者的变现要跟平台的商业模式直接挂钩，这样才能支撑持续的内容供给。

我们不会做电商平台，百视TV虽然也有B+商城，但它主要是个技术系统架构，需要这么一个架构来处理电商方面的基本业务。我们就是内容平台，就是百视TV。

　　在内容转化方面，百视TV目前的核心用户群以优质年轻用户为核心，"80后""90后""00后"用户占比80%以上，中高到高在线消费意愿超过68%，这些为百视TV的商业化打下了用户基础。

　　流媒体的商业模式是付费会员制，内容必须原创，影剧综齐备。这首先意味着大步快跑，根据实际情况随时变换跑道；其次，这种快速变道一定是紧贴用户需求的。

　　用户现在对两种东西的需求是很明显的，一是量身定制，二是"能买到吗，便宜吗"，所以后续我们还是会做头部节目，围绕目标用户精准直击，中腰部生活类综艺节目会着重考虑美食、美酒等方向。

　　未来我们对用户做的就是"兴趣+陪伴"，这是从NBA的运营中看到的价值—2021年，NBA在中央广播电视总台、腾讯视频、咪咕视频都播出的情况下，百视TV还是收获了流量，且会员收入远高于预期。

　　与此同时，百视TV也有储备片库。APP上线以来，我们相继推出自制原创节目以及融屏节目。这两年，我们也做了不少基于头部内容的用户运营。比如2021年《东方风云榜》音乐盛典首次采用百视TV全网独播的方式，2022年春节期间百视TV春节版面主打"年夜FUN"策划，满足了平台用户对于精品特色内容的在线娱乐消费需求。

结语

　　有人提到媒体转型一定要搭上一省的数字化转型，那么上海的路线就是搭建新消费模式，用内容引导生活方式。上海的生活方式是可以从本土走向全国的。当年东方购物成功的一个重要原因，就是把很多东西做成了生活方式，从乐扣乐扣到空气炸锅。这种精神层面的喜好可以走出本地，走向更广阔的年轻群体。

企业家对话热点话题 二

市场热点话题企业「高管」探讨

布局全域流量生态，破局新增长

- 话题选题：全域流量

- 企业名称：宝宝树

高敏 ｜ 复星全球合伙人、
复星国际副总裁、
宝宝树集团联席董事长

观点总结：

　　没有永远增长的流量，在全域生态布局中通过提升流量效率、用户复购率，重塑品牌核心资产和长期价值，从而收获更加确定性的增长空间。

布局全域流量生态，破局新增长

2022年俄乌冲突升级、中美贸易战、疫情发展等诸多因素加剧了大环境的不确定性，也促使企业开始回归本源，更加重视长期可持续发展。

过去很长一段时间里，流量红利、资本助推加上短视频直播等各种新兴商业形态层出不穷，很多企业只关注短期带货销售而忽略全局用户体系运营，过分关注流量转化而忽略品牌长期建设，这使企业的抗风险能力减弱。

事实上，国内互联网的发展经历了多个阶段，流量已是老生常谈的话题。2022年尾2023年初再去谈流量，我们须意识到现在已经进入了全新的周期。首先，流量红利不再，2010年到2019年线上获客成本增长近10倍。流量越来越贵，私域运营已经成为很多企业的标配甚至是核心板块。其次，随着微信淘宝互通，快手恢复京东、淘宝外链等，流量生态互联互通。内容创建、"种草拔草"、用户关系维护等需通盘考虑才能提升流量效率和效果，企业须从"局域经营"转变到"全域经营"。

在"局域经营"阶段，买流量就等于有了销量；用户到了私域之后，品牌必须精细化运营才能实现用户的留存和转化。进入到"全域经营"阶段，企业必须考虑不同平台的流量获取和留存，流量在不同平台间如何实现有效流转，如何从公域到私域、激活交易和复购，如何建立长期品牌、占领用户长期心智等。

没有永远增长的流量，如何实现公域流量与私域流量的打通，如何将流量"留下来"并进一步转化成销量，将直接关系到企业在未来竞争中的生死存亡。

众所周知，母婴行业是一个坡长雪厚的行业，从"让用户知道你"到"让用户信任你"，再到"让用户愿意埋单"，需要一个不短的周期，这需要持续的用户沟通、长久的品牌建设。

同时，新生代、新内容、新消费的变化，也正在重塑行业边界。短视频、直播等新型内容因其全域传播的优势，促进线上母婴行业用户的整体扩容，整个行业的线上流量池在增长。随着居民可支配收入的增加，母婴消费从刚需产品扩展至亲子早教、泛家庭服务等消费。当下新生代年轻家庭，围绕宝宝成长与宝妈生活的育儿服务，以及对社交、购物等泛生活场景的需求，是母婴行业可以预见的"确定性增长"，即延长用户生命周期，提供更长久的母婴服务。

宝宝树创业15年已经成长为国内头部的母婴社区平台，一直坚持"用户在哪里，宝宝树就在哪里"。截至目前，宝宝树的全域流量生态布局全面覆盖以宝宝树孕育APP为基础的内核流量池，以"群+小程序"为基础的中层流量池，以抖音/小红书/微博等社交平台及其KOL/KOC为基础的广义流量池。

宝宝树在母婴用户群体中的品牌价值是我们实现用户规模增长的基础，精细化运营能力和效率的提升助力宝宝树持续探索新的增长模式。

宝宝树平台的达人直播活动、短视频等内容深受新一代母婴用户的喜爱，在此基础上，我们还建立了线上用户和线下用户双轮驱动的用户运营体系，通过对专业内容、互动体验、产品技术迭代等方面的精耕细作来提升用户在宝宝树的留存。

2022年，我们邀请二孩辣妈应采儿女士担任宝宝树首席育儿官，与宝宝树一同共创优质内容、倡导快乐育儿的价值观。这些都有助于我们的旗舰APP—宝宝树孕育实现用户规模和用户黏性获得增长。

同时，我们自2019年布局社群生态，已经形成成熟的母婴私域社群运营模式，私域社群矩阵持续保持高速增长，同时付费会员用户规模也在扩大。截至2022年6月30日，宝宝树社群数量大幅增长174.3%至10700个，覆盖全国60多个城市，活跃社群成员数量超140万，同比增长78.8%，平均社群活跃度达20%。

社群生态矩阵 2022上半年取得爆发性增长
用户规模超140万 支持宝妈店主37000+

覆盖城市
60个

社群覆盖用户数　社群活跃度
↑ **78.8%**　**20%+**

备孕	孕期	产后
5%	35%	60%

宝宝树私域社群中，产后用户达到60%，不仅有效延长用户的生命周期，也对商业转化起到了很好的作用。数据显示，新加入宝宝树社群的用户中，30%在一个月内会产生订单消费。新生代妈妈店主人数超3.7万，随着消费心智与习惯的不断累积，新生代妈妈店主们"品效合一"的商业能力越发凸显。

同时，社群的精细化运营让用户对宝宝树的信任更近一层，有效助力母婴家庭消费品牌快速打破用户关系壁垒，降低与用户的沟通成本，获取用户的认知和信任，高效塑造品牌形象和提高品牌忠诚度。

据不完全统计，宝宝树社群2022年上半年承接品牌整合营销项目近百个。以全生命周期孕育知识体系、百万母婴社群运营经验、全行业资源整合为核心能力优势，宝宝树不断输出私域运营洞察和策略，为品牌提供私域孵化代运营等创新服务。

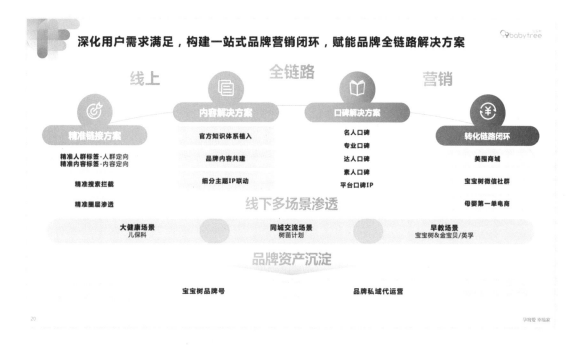

2022年8月，宝宝树全面升级创作者服务发布创作中心2.0，持续优化产品体系、深化内容运营、加强数据反馈、提升商业赋能，吸引诸多全域KOL&KOC的加入，宝宝树在抖音等外域阵地建立多个IP矩阵，全域生态布局母婴行业，向纵深方向发展。

作为联结用户与品牌的桥梁，宝宝树不断夯实全域流量生态布局，持续探索更多创新多元的"品效合一"能力建设，赋能合作伙伴获取新的市场增量，引领行业发展。

结语

内容、社交、消费正在加速连接成一个整体，这要求全域流量生态的用户运营服务既要拓宽渠道，又要注重将碎片化场景、更丰富的需求连接成一个整体。

想要挖掘新的增量、实现长期可持续发展，就必须要走全域经营的道路。全域经营有两重要义，一方面是"全场景"内容和商品"种草"，一方面是"全链路"构建交易闭环，从而实现"品效合一"。

宝宝树在上半年也进行了战略梳理，从纯粹的国内母婴垂类平台转变为构建全球领先的母婴家庭幸福生态。同时，宝宝树也致力于满足新一代母婴用户的优生优育、交流交友、健康成长、优选购物的核心需求。

在这个基础上，形成了新的阵型打法，我们把它叫做"三纵三横 两翼齐飞"。"三纵"即三个业务增长引擎。第一个是流量业务，这个流量业务要从"售卖流量"变成"售卖能力"，也是广告业务的基石。第二个是消费业务，也就是自营、联营产品。第三个是线上线下O2O业务，宝宝树强化运营，通过产品创新实现线上线下新商业模式孵化。在内部，宝宝树通过精益运营、生态BD、科技驱动这"三横"作为业务增长动力和引擎，但核心还是抓人才、组织和激励机制。作为"两翼"，宝宝树站在中国同步看全球，一方面通过投资并购夯实流量端和产品端的护城河，另一方面也会关注海外高速增长的机会。

企业家对话热点话题 三

市场热点话题企业「高管」探讨

Web3.0 时代机遇

- 话题选题：Web3.0

- 企业名称：汽车之家

项碧波 │ 汽车之家CTO

观点总结：

　　探索与开拓数字人交互的应用场景，赋能汽车内容行业"内容与营销"模式的创新迭代，把握住数字化时代的趋势浪潮。

Web3.0时代机遇

作为全球最大的汽车消费和服务平台，汽车之家已在汽车资讯行业深耕17年，但仍在孜孜不倦地探索将更好的看车、买车、用车体验带给中国车主。伴随着元宇宙潮流的兴起，汽车之家以颠覆性的创新能力和强大的科技实力率先尝试布局，为用户带来全新的感官体验。

2022年6月份发布的《2022胡润中国元宇宙潜力企业榜》中，汽车之家以元宇宙技术在商品服务拓展应用方面的优势入选生态应用类元宇宙潜力企业，成为汽车资讯行业的唯一代表企业，荣登榜单。

8月份，汽车之家签约虚拟人"宫玖羽"，开启元宇宙探索新纪元。依托超写实虚拟人全流程实时渲染技术，宫玖羽不仅以贴近真实的"机车女神"形象与用户建立鲜明的情感链接，更能完美支持虚拟直播/VR/AR发布会等线上、线下实时互动场景。带着"与AI碰撞、同未来融合"使命的宫玖羽，此次与汽车之家合作，将实现元宇宙与现实的串联，从而揭开探索元宇宙领域发展的新篇章。

而汽车之家将借此实现在元宇宙领域的重要布局，通过探索与开拓数字人交互的应用场景，赋能汽车内容行业"内容与营销"模式的创新迭代，把握住数字化时代的趋势浪潮。

"技术+用户"双引擎赋能，驱动行业探索新发展

在新领域的实践过程中，汽车之家通过先进技术优势和用户规模优势的双重引擎，不断拓宽在元宇宙领域的应用场景与边界，驱动行业探索发展的新进程。

在技术层面，汽车之家创新运用AR/VR技术，采用3D虚拟展馆技术赋能"中国春季云车展"和"818全球超级车展"，打造出聚合式体验、个性化推荐、多视角引导、多场景互动、线上线下联动的智能展厅，为消费者带来了颠覆式的看车、买车体验，助推汽车生态场景应用多元化发展。近期，汽车之家还推出了"3D元宇宙云车展"，让用户可以足不出户看车展，安心到店买好车。

在用户层面，汽车之家通过创新的营销玩法，借助用户规模优势，不断累积数字化营销的实战经验。2022年5月，汽车之家改装星球与数字潮玩平台比特图谱展开合作，联手发布3期"改装星球NFT（数字藏品）数字盲盒"。在刚刚过去的17周年庆中，汽车之家也与比特图谱一起推出了"破次元庆生，集限量NFT盲盒"活动，给喜爱汽车之家的用户提供了全新的"庆生"体验。

虚拟IP亮相818，开启数字化营销新篇章

作为"818全球汽车节"的重头戏，2022年8月18日晚8点，汽车之家独家冠名CCTV-2《汽车之家818·聚光向未来》主题晚会，宫玖羽作为汽车之家特邀AI体验官登台亮相，并担任晚会虚拟主持人，为观众带来更多惊喜。不仅如此，后续宫玖羽还将与刘慈欣网络短剧、奥运冠军徐梦桃等展开系列跨界合作。以宫玖羽为原点，汽车之家将从汽车内容行业拓展到更多元、更广阔的营销板块，真正助推数字化营销战略的发展与创新。

作为"内容生态+工具服务+交易平台"的一站式车生态平台，汽车之家始终以助力中国汽车产业蓬勃发展为使命。在元宇宙的趋势浪潮下，相信汽车之家会在更多方向、更多层面进行多元化的探索实践，持续赋能汽车产业的转型升级，为用户带来更极致的服务体验。

企业家对话热点话题四

市场热点话题企业「高管」探讨

做品牌必然是要追求长效价值，践行长期主义

- 话题选题：品牌营销

- 企业名称：亲宝宝

沈 忆 │ 亲宝宝 VP

观点总结：

　　做品牌必然是为追求持续高质量地发展。作为头部垂直专业平台，亲宝宝基于"专业""信赖""圈层"为母婴品牌以及泛家庭消费品牌提供了长效的对话场。与"亲宝宝"携手的一众品牌也多以品牌思维，践行长期主义。

亲宝宝：做品牌必然是要追求长效价值，践行长期主义

我第一次听到"品效合一"是2016年，后来大概从2018年下半年开始，品效合一成为与增长黑客、私域流量并驾齐驱的三大热门词汇之一。

什么是品效合一？我觉得比较通俗的理解，就是效果广告赚的是明天后天的钱，品牌广告赚的是2023年后年的钱。

说实话，品牌和效果如果真的合一，那肯定是我这样的平台方和所有品牌人都期望达到的。但事实呢？越来越多的人在多番实践后，开始怀疑和反思所谓的"品效合一"理念。

我认为最直接的触动因素，是如今主流的直播带货和种草渠道。这部分费用，基本占了各家品牌市场预算的大头。现下很火的抖音主播和小红书达人们往往习惯于紧密围绕价格说事，而且更擅长玩"三二一手慢无"的快餐式套路，我认为他们最终为品牌引来的，往往是价格敏感型的即时客户、冲动消费型的客户或仅是对人气主播和达人有粉丝黏性的客户，虽然可能有助于促成一时的销量，却很难真正帮助品牌形成自己的长效对话场，也很难为品品牌沉淀高净值的客群。

换而言之，品牌做单次短效的种草带货，想兼顾"品"与"效"，似乎是个不可能命题。

同理，视频平台、电梯广告等广告模式，也面临缺乏反馈、交互的品牌单向输入的问题。

最近，有很多人问我，像亲宝宝这类垂直专业平台，如何帮助品牌捕捉到品牌广告与长效营销价值的平衡感。

下面以亲宝宝为例，我会分享我对垂直平台做可持续品牌营销的一些想法。

>> 亲宝宝锁住妈妈【圈层】，助力品牌精准营销

作为国内首家面向整个家庭提供成长记录云空间服务的亲宝宝，比其他母婴APP拥有更长的生命周期。因为随着云空间里孩子成长内容的积累，用户跨平台的转移成本增高，很难迁移到其他工具。内容积累同时也拉长用户的使用周期，从孕期到6岁，甚至可以到孩子长大成人。

更进一步地解释，基于独特的产品形态（成长记录云空间、智能育儿助手等），亲宝宝内聚集了一批年龄不同、学历不同、生活环境不同、消费理念不同的妈妈们。但随着成长记录回看需求和后续二胎三胎的养育，这群妈妈们对平台的情感韧性只会越来越强，对于亲宝宝平台的黏性和忠实度也更高。

这就意味着，品牌一旦触达和锁定亲宝宝上的妈妈人群并开启有效对话，其营销持续长度和影响力辐射宽度，显然都远胜于单次、短效的一场带货直播或一篇不甚走心的"种草"笔记。

当然，有鉴于时下社会现状，亲宝宝上的这些"想生""敢生""愿意生"的妈妈们，还可能是"具备一定的经济实力、相当的消费意愿、较稳定的生活现状、较乐观的生活预期且具备较强抗风险性"的高净值潜在客户群。这也理应是一众品牌们最希望第一时间优先触达和实现有效沟通的对象。

这无疑给像奶粉、纸尿裤这类典型的母婴品牌营销一些启发：第一时间在亲宝宝"抓住"新手妈妈这类种子人群，就能快速实现涟漪扩散。而事实上，2017年商业化至今，亲宝宝已经与绝大部分的母婴头部品牌合作。

>> 亲宝宝构筑【专业】场域，为品牌营销赋能

从2012年成立至今，"亲宝宝"一直定位于"孕、育、教"的一体化家庭育儿服务平台。

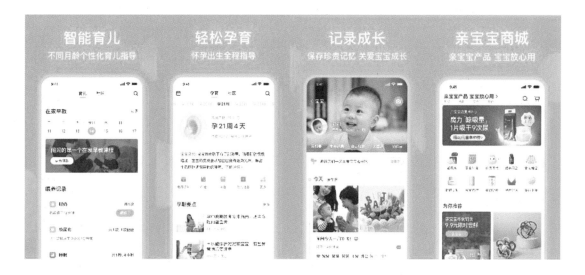

长期以来，亲宝宝的成长记录云空间、智能育儿助手等特色功能，加之由儿科学、妇科学、营养学等专家团队倾力打造的孕育教内容，还有广大妈妈用户在其社区内倾情分享的生动实战经验，早就为亲宝宝营造了一个在母婴垂直领域内极"专业"的平台氛围，以及一个特别适用于品牌沟通"专业"形象、对话"专业"内容的场域。

比如，一个"0~3岁孩子长乳牙"的用户需求场景，亲宝宝的智能育儿助手为用户主动推送如"如何教宝宝学会正确刷牙姿势""如何挑选适合孩子的牙具"等内容。这些知识不仅由专家审核背书，而且智能育儿助手会按照宝宝的发育情况，根据其不同月份大小、牙口不同位置等，帮助妈妈们预测乳牙长势，并及时给到专业易懂的资讯。

而这期间，又为儿童牙膏、牙具类品牌创造了能够聚焦"专业"沟通点，进行发力的品牌广告对话空间。一方面，品牌可以在一个相对完整的营销长周期内（孩子0~3岁内），利用专业化的内容植入，完成品牌曝光；另一方面，亲宝宝平台的专业化沟通场域，也反向为品牌赋予一个"专业"的背书，形成一种明显区别于其他营销渠道的正向品牌形象增值体验。

>> 亲宝宝特色的【信赖环】，升级品牌沟通效率

站在用户体感来看，平台是不是"专业"的，显然将直接关联到用户对平台是不是"信赖"的。在亲宝宝这样已经赢得千万用户信赖的平台，随着用户体量扩大和活跃度增加，"信赖"只会如滚雪球般扩大，从而进入良性循环。

这种"信赖环"，其实也是亲宝宝的典型特征之一。

　　基于平台专业气质及其各项好用的专业功能，妈妈们放心地在亲宝宝晒娃，或根据亲宝宝给到的建议进行育儿，又或在亲宝宝信服地浏览各色专家和家长们的建议与心得，亦或向其他新手家长们盛情推荐使用亲宝宝。这些都是使用亲宝宝时的常见场景。

　　这就意味着，在亲宝宝这样的信赖环境下，用户天然地更加易于获得、接受与母婴、孕育教等相关的各方面信任资讯，本能的放低消费警惕，缩短消费决策链路，减少消费决策耗时。

　　这就为品牌提供了更加高效完成对话营销的机会，为品牌提供超乎期待的形象价值沟通，如更具说服力的亲子友好气质、更有感染力的家庭温暖底色等，强化打造用户信任认知度和好感度。

　　从2012年成立至今，亲宝宝已经走过10年。2022年专门针对母婴需求多维升级趋势，亲宝宝还开启了全触点、全媒体、全渠道、全链路的营销生态战略升级，以更多优质的广告形式开放空间商化合作，帮助更多品牌亲密参与亲宝宝家庭营销生态的"掘金"时代，除了既有的广告投放等触点之外，亲宝宝还有定制晒娃海报、视频互动赛、育儿联名礼包等创新互动玩法，更打造了包括亲宝星计划、舞林萌主争霸赛、MOM练习生等多个平台商业IP，帮助品牌整合营销链路。

　　在亲宝宝，品牌可将自身核心知识点植入或定制到日常科普内容；也可定制打造亲宝宝的官方号作为个性化沟通阵地，开启品牌科学育儿直播专场；也可与平台定制短视频IP主题节目，或投放专家和母婴达人主理的原生IP"种草"专栏，全方位把握平台垂直流量，针对家庭营销新势能定向发力，继续实现可观的商业增长。

　　坐拥精准优质"妈妈人群""专业-信赖环"的亲宝宝，在MAU、DAU等各项核心数据上已经稳居第一位，成为母婴行业影响力领先的服务平台。可以说，在中国，每3个新生儿家庭就有一个正在使用亲宝宝。2022年亲宝宝APP 10.0全新版本也上线了，升级后将会继续服务更多追求科学育儿及生活品质的中国妈妈们。

　　做品牌必然是为追求持续高质量地发展。未来，亲宝宝希望携手更多母婴及泛家庭消费品牌，以品牌思维，进一步探索垂直流量的新营销，践行长期主义。

企业家对话热点话题五

市场热点话题企业「高管」探讨

跨终端服务布局是一片蓝海

- 话题选题：跨终端服务

- 企业名称：小米

汤 进 ｜ 小米应用商店业务负责人

观点总结:

　　跨多终端的服务融合和"互联互通"，实现用户全场景的服务和内容无缝流转，必然是未来发展趋势。基于这一判断，围绕跨终端的服务，也必然会成为未来商业新的增长机会。

跨终端服务布局是一片蓝海

近年来"互联互通"已然成为互联网领域的高频词汇，互联网的基本特征之一就是互联，通过连接人和人、人和服务、人和内容来创造社会价值和商业繁荣。围绕"互联互通"，不得不提的是智能终端，互联网产品和服务从诞生之日起就是植根于终端设备这一载体而生，无论是桌面互联网时代的PC终端、移动互联网的智能手机终端，还是到当前万物互联的AIoT时代的多类型智能终端，智能终端在互联网发展史上发挥着举足轻重的作用，这个基础事实从没有发生变化。

随着通信、AI、云计算等关键技术的不断演进，以及多类型智能终端设备对用户生活的不断渗透，我坚定地认为：跨多终端的服务融合和互联互通，实现用户全场景的服务和内容无缝流转，必然是未来发展趋势。基于这一判断，围绕跨终端的服务，也必然会成为未来商业新的增长机会。

趋势洞察：手机终端互联网服务进入存量市场，多终端服务布局恰逢时机且蕴藏机遇

首先，小米应用商店作为手机终端应用商店的代表之一，兼具终端厂商和互联网服务入口双重身份，立足于终端为用户和开发者提供平台服务。作为小米应用商店负责人，我想从上述双层身份的视角，分享我对当前移动互联网发展面临的挑战和机遇的观察。

在iPhone手机终端创新的带领下，移动互联网发展10年有余，根据最新的小米手机终端数据统计显示，终端大盘APP总数超过百万量级，人均APP安装数量趋于稳定，用户时长集中于头部APP的特征显著，头部1000款APP占据90%以上的用户手机时长，在这样的大背景下，中小开发者和服务商业务增长面临着场景挑战。

从另外一个视角出发，面向多终端的用户全场景服务，还是一片蓝海。以小米为例，小米的核心战

略是"手机×AIoT"，多终端产品布局完善，包括手机、笔记本、平板、电视、手环手表、智能音箱等等品类，小米集团2022年Q3财报中披露，小米手机终端月活5.64亿（其中中国大陆1.41亿），电视终端月活5400万，小米AIoT平台上连接的总IoT设备达到了5.58亿台，使用超过5件IoT设备的用户超过1090万。以我个人为例：米家APP中拥有超过50+IoT设备，覆盖我的居家、办公、运动、娱乐等一系列多元生活场景。以办公场景为例，笔记本、平板、手机终端承接了我们的办公场景服务，会议、工作、休息等多个环节对各个终端之间的需求衔接和服务流转有极强的需求。

与此同时，电视和IoT设备上的APP和服务供给量级，相对于手机终端要少太多，因此从用户具体多场景切入，为用户提供跨终端的服务和内容，以及满足用户多终端服务无缝流转已经成为终端厂商和众多开发者的方向选择。以终端厂商布局为例，在终端操作系统层面，小米MIUI立足于"手机×AIoT"战略进行互联互通布局，推出了手机和PC终端互联互通的MIUI+，手机和IoT多终端互联互通的小米妙享中心等系统级的多终端服务互联方案，持续深耕跨场景无缝体验的数字生活。

布局建议：依托终端系统开放生态，结合自身优势的跨终端服务布局，将具备连接广度、转化深度和变现力度

结合多终端特点，布局自身互联网服务，可大幅增强服务连接的广度

跨终端很重要的一个机会点，就是拓展了开发者提供服务的想象空间，增强服务连接的广度。以教育服务为例，手机设备的屏幕大小极大地限制了在线教育、网课等服务的想象力，更大屏幕的智能平板终端，能够提供包括大屏幕显示、多窗口视图、多任务协同等服务，极大地提升了在线教育的服务广度。通过挖掘不同终端设备的特点，充分利用各终端设备优势，打造不同类别的服务：包括利用电视终端大屏主打影音和娱乐服务，利用智能音箱的语音互动主打生活助手和亲子陪伴服务，利用手表可穿戴设备的便携和检测能力主打健康和运动服务等等。随着不同类型的多终端不断渗透到用户的生活场景中，与特定用户需求场景自然融合，结合多终端各自特点，布局相关互联网服务，将会释放出更多服务连接的用户和商业价值。

借助终端系统能力，无缝串联服务体验，可大幅增强服务体验的深度

终端厂商操作系统层面提供多终端应用和服务的无缝流转，已经成为各大终端厂商不约而同的发展方向。同时，在终端系统层面为开发者提供的包括多终端投屏、统一登录、统一支付和跨端适配等能力，大幅降低了跨终端服务的提供"门槛"，同时也大幅强化了服务转化的深度。以跨终端游戏服务为例，智能手机投屏到电视大屏和智能车机副屏，分别为游戏玩家提供了"家庭空间娱乐"和"车空间副驾娱乐"两大全新的深度服务体验。终端设备系统层面搭建的互联开放生态，提供了便捷的多端协同和服务流转体验，会成为非常重要的机会窗口，便于开发者高效锁定多终端服务体验和转化。

拓展多终端场景，跨终端服务变现和营销已然成熟，可大幅增强服务变现的力度

移动互联网大规模繁荣，离不开它对于商业效率的大幅提升，跨终端的变现和服务营销，也已经发展成熟，具备跨终端服务变现的能力。OTT智能大屏广告以其强视觉冲击和震撼效果，能够瞬间抓住用户眼球，依靠终端系统互联开放能力的支撑，在营销场景中联动电视大屏和手机小屏，可以实现在大屏曝光后，通过手机进一步与用户互动，甚至可以通过无缝支付等服务，实现变现转化。在跨终端商业模式上，包括广告营销、会员增值、订阅付费等多种变现方式已经非常成熟，同时以多终端为切入的品牌广告创意也层出不穷，以美汁源和小米商业营销的合作为例，双方瞄准用户日常烹饪和佐餐需要，通过OTT创意开机、小爱音箱和云米冰箱智能画报，覆盖用户家庭生活多维场景，并以小爱同学智能语音提醒适时激发用户消费联想，助力美汁源品牌深度融入用户生活，以"润物细无声"的方式影响用户心智。

　　未来展望：终端创新会层出不穷，跨终端服务将持续催生新机遇，创造更大的社会价值和经济效益

　　当前，互联网的人口红利虽然已消退，但终端创新从未止步，新的终端融入，意味着新入口、新流量、新体验和新机遇。进入万物互联时代，围绕跨终端的服务布局必然会成为新的赛道窗口和增长机会。同时，展望未来，随着近场通信、端侧AI、XR设备、Web3.0等新技术的不断发展，人类对于"终端"的思考和谋划永不止步，可以遇见的未来，跨终端服务将推动更大范围的互联互通，创造全新的虚拟和实现的融合体验，孕育出新的增长机会，更会创造出更大的社会价值与经济效益，未来可期。

附录

- 01.法律免责声明

- 02.研究模型

- 03. 核心指标说明

- 04. 外部数据来源说明

法律免责声明

1. 本研究报告（以下简称本报告）由QuestMobile（以下简称本公司）制作及发布。

2. 本报告所涉及的数据及资料来源于QuestMobile自有数据库、行业公开、市场公开、公司授权，以及QuestMobile Echo快调研平台等，均采用合法的技术手段、深度访问、抽样调查等方式获取；本公司力求但不保证该信息的完全准确性和完整性，客户也不应该认为该信息是完全准确和完整的。同时，本公司不保证文中观点或陈述不会发生任何变更，在不同时期，本公司可发出与本报告所载资料、意见及推测不一致的研究报告。本公司会适时更新我们的研究，但可能会因某些规定而无法做到。除了一些定期出版的研究报告之外，绝大多数研究报告是在本公司认为适当的时候不定期地发布。

3. 本报告所涉及的独立研究数据、研究方法、研究模型、研究结论及衍生服务产品拥有全部知识产权，任何人不得侵害和擅自使用，违者必究。

4. 本报告主要以微信公众号形式分发或电子版形式交付，间或也会辅以印刷品形式交付或分发，所有报告版权均归本公司所有。未经本公司事先书面协议授权，任何机构或个人不得以任何形式复制、转发或公开传播本报告的全部或部分内容。不得将报告内容作为诉讼、仲裁、传媒所引用之证明或依据，不得用于盈利或用于未经允许的其他用途。

5. 经本公司事先书面协议授权刊载或转发的，被授权机构承担相关刊载或者转发责任。不得对本报告进行任何有悖原意的引用、删节和修改。

6. 本报告的分享或发布现场，未经本公司事先书面协议授权，参会人员不得以任何形式进行录音、录像或拍照，更不允许参会人员以任何形式在其他场合或社交媒体（包括客户内部以及外部）进行转发、交流或评论本次分享内容。

7. 如因以上行为（不限于3、4、5、6）产生的误解、责任或诉讼由传播人和所在企业自行承担，本公司不承担任何责任。

8. 本报告中部分图片、内容来源于网络和公开信息，如果您发现本报告及其内容包含错误或侵犯其著作权，请联系我们以便这些错误得到及时的更正：mkt@questmobile.com.cn。

9. 本次分享内容最终解释权归本公司所有。

宏观环境分析（PEST模型）

PEST为一种企业所处宏观环境分析模型，所谓PEST，即P是政治（Politics），E是经济（Economy），S是社会（Society），T是技术（Technology）。这些是企业的外部环境，一般不受企业掌握。

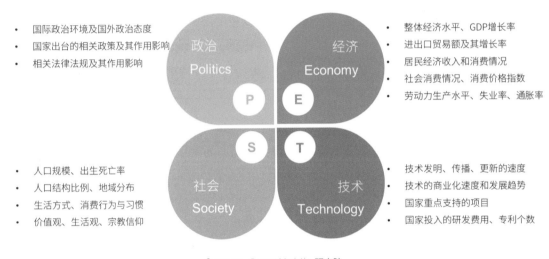

- 国际政治环境及国外政治态度
- 国家出台的相关政策及其作用影响
- 相关法律法规及其作用影响

- 整体经济水平、GDP增长率
- 进出口贸易额及其增长率
- 居民经济收入和消费情况
- 社会消费情况、消费价格指数
- 劳动力生产水平、失业率、通胀率

- 人口规模、出生死亡率
- 人口结构比例、地域分布
- 生活方式、消费行为与习惯
- 价值观、生活观、宗教信仰

- 技术发明、传播、更新的速度
- 技术的商业化速度和发展趋势
- 国家重点支持的项目
- 国家投入的研发费用、专利个数

Source：QuestMobile研究院。

行业集中度分析

行业集中度(Concentration Ratio)又称行业集中率或市场集中度（Market Concentration Rate），是指某行业的相关市场内前N家最大的企业所占市场份额（产值、产量、销售额、销售量、职工人数、资产总额等）的总和，是对整个行业的市场结构集中程度的测量指标，用来衡量企业的数目和相对规模的差异，是市场势力的重要量化指标。市场分析中通常分析行业内规模最大的前4家或者前8家企业的集中度，即CR4或者CR8。

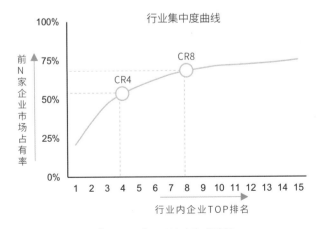

Source：QuestMobile研究院。

AIDMA法则

AIDMA法则是由美国广告人E.S刘易斯提出的具有代表性的消费心理模式,它总结了消费者在购买商品前的心理过程,即Attention(引起注意)—Interest(产生兴趣)—Desire(培养欲望)—Memory(形成记忆)—Action(促成购买)。

通过运用AIDMA法则可以准确了解消费者的心理和行为,判断现有营销过程的不足,制定和优化营销策略,提高成交率。

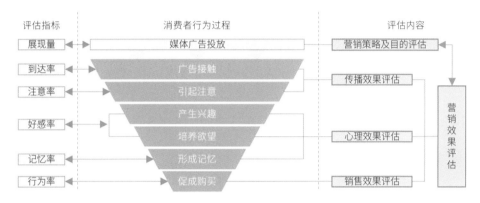

Source: QuestMobile 研究院。

品牌人群资产链路化模型(AIPL模型)

AIPL是由阿里巴巴推出的,将品牌的人群资产定量化运营的模型,该模型把品牌人群细分,将人群资产定量化,是品牌进行全域营销最重要的一环,其中AIPL代表的意思为A(Awereness)认知、I(Interest)兴趣、P(Purchase)购买、L(Loyalty)忠诚,即用户从看到你→点你→产生兴趣→购买的过程。

Source: QuestMobile 研究院。

增长黑客理论模型（AARRR模型）

AARRR模型因其掠夺式的增长方式也被称为海盗模型，是Dave McClure于2007年提出的，AARRR是五个单词的首字母缩写，分别对应用户生命周期中的5个重要环节，即用户获取（Acquisition）、用户激活（Activation）、用户留存（Retention）、获得收益（Revenue）、推荐传播（Referral）。

AARRR模型的两个核心点：

1. 以用户为中心，以完整的用户生命周期为线索；

2. 把控产品整体的成本/收入关系，用户生命周期价值(LTV)远大于用户获取成本(CAC)与用户经营成本（COC）之和就意味着产品的成功。

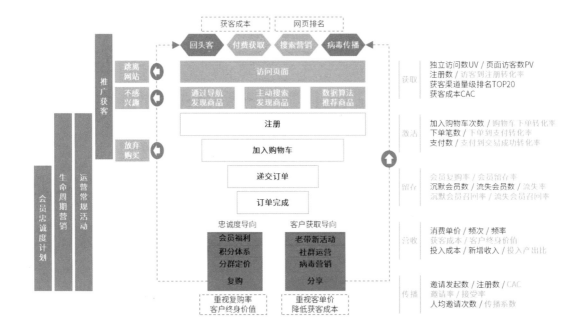

Source：QuestMobile 研究院。

消费者运营健康度模型（FAST模型）

由阿里巴巴开发出的针对消费者运营健康度指标（FAST）的衡量体系，从数量和质量双层角度来考察品牌健康度。其指标主要由四部分构成，分别是消费者资产中的人群总量(Fertility)、加深率(Advancing)、超级用户数(Superiority)、超级用户活跃度(Thriving)。这四个指标不仅评估消费资产的数量(F和S)，也包含消费者资产的质量(A和T)。

FAST指标体系能够更加准确的衡量品牌营销运营效率，同时FAST也将品牌运营的视角从一时的输赢(GMV)拉向了对品牌价值健康、持久的维护。

数量指标	质量指标
Fertility 可运营人群数量 - 活跃消费者	**A**dvancing 人群转化力 - 关系周加深率
帮助品牌了解自身的可运营总量的情况，首先利用GMV预测算法，预估品牌消费者总量缺口，然后基于缺口情况优化营销预算投入，站内外多渠道"种草"拉新，为品牌进行消费者资产扩充，并指导品牌进行未来的货品规划和市场拓展，多方位拓展消费者	多场景提高消费者活跃度，促进人群链路正向流转，多渠道"种草"人群沉淀后，进一步筛选优质人群，通过钻展渠道进行广告触达，品牌内沉淀人群细分，对消费者进行分层运营，差异化营销，促进整体消费者的流转与转化
Superiority 高价值人群总量 - 会员总量	**T**hriving 高价值人群活跃度 - 会员活跃率
会员/"粉丝"人群对于品牌而言价值巨大，能够为品牌大促提供惊人的爆发力，通过线上和线下联动，联合品牌营销，以及借助平台的新零售等场景如天猫U先，淘宝彩蛋，智能母婴室扩大品牌会员/"粉丝"量级，为后续的会员/粉丝运营打下基础	借助大促，提高会员/"粉丝"活跃度，激发会员/"粉丝"潜在价值，为品牌GMV目标完成提供助力，对会员及"粉丝"按照RFM指标进行分层运营，优化激活效率，千人千权触达惩戒，公私域结合，赋能会员/"粉丝"运营

注：GMV (Gross Merchandise Volume)网站成交总金额，GMV = 销售额 + 取消订单金额 + 拒收订单金额 + 退货订单金额

Source：QuestMobile 研究院。

QuestMobile ARR三力模型指标说明

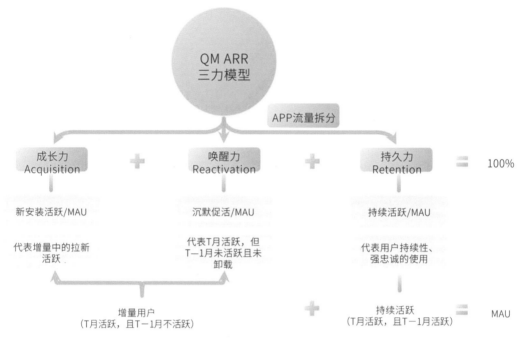

Source：QuestMobile研究院。

核心指标说明

一级栏目	指标中文	中文定义
用户规模评估	活跃用户数	在统计周期(周/月)内，启动过该App的用户数。活跃用户数按照用户设备维度进行去重统计，即在统计周期(周/月)内至少启动过一次该App的设备数。
	活跃渗透率	在统计周期(周/月)内，该App的活跃用户数占全网活跃用户数的比例。
	活跃率	在统计周期(周/月)内，该App的日均活跃用户数与其活跃用户数的比值。
	日均活跃用户数	在统计周期(周/月)内，该App的每日活跃用户数的平均值。
使用次数	使用次数	在统计周期(周/月)内，所有用户启动该App的总次数。同一个用户在退出App后、按home键进入后台或黑屏时，均记为一次启动。
	日均使用次数	在统计周期(周/月)内，该App的每日总使用次数的平均值。
	人均使用次数	在统计周期(周/月)内，平均每个人使用该App的次数。
	人均单日使用次数	在统计周期(周/月)内，平均每个人每天使用该App的次数。
使用时长	使用时长	在统计周期(周/月)内，所有用户启动该App所消耗的总实际有效使用时长。实际有效使用时长是指该App程序界面处于前台激活状态的时间，App在后台运行的时间，不计入有效使用时间。
	日均使用时长	在统计周期(周/月)内，该App的每日总使用时长的平均值。
	人均使用时长	在统计周期(周/月)内，平均每个人使用该App的时长。
	人均使用天数	在统计周期(周/月)内，平均每个人使用App的天数。
	人均单日使用时长	在统计周期(周/月)内，平均每个人每天使用该App的时长。
	人均单次使用时长	在统计周期(周/月)内，平均每个人单次使用该App的时长。
用户质量	活跃用户数	在统计周期(周/月)内，启动过该App的用户数。活跃用户数按照用户设备维度进行去重统计，即在统计周期(周/月)内至少启动过一次App的设备数。
	活跃渗透率	在统计周期(周/月)内，该App的活跃用户数占全网的活跃用户数的比例。
	活跃率	在统计周期(周/月)内，该App的日均活跃用户数与总活跃用户数的比值。
	日均活跃用户数	在统计周期(周/月)内，该App的每日活跃用户数的平均值。
	活跃用户留存率	在统计周期(周/月)内，每日活跃用户数在第N日仍启动该App的用户数占比的平均值。
	卸载用户数	在统计周期(周/月)内，发生过主动卸载行为的用户数。 卸载用户数按照用户设备数进行去重统计，在同一周期内（月，周，日）同一个用户多次卸载App，则会记录一个用户数。在不同周期内，同一个用户同一个App发生了两次卸载行为，则会在不同周期内同时会被记录一次。
	卸载率	在统计周期(周/月)内，卸载App的用户数占该App的活跃用户数的比例。
	卸载渗透率	在统计周期(周/月)内，该App的卸载用户数占全网的总卸载用户数的比例。

一级栏目	指标中文	中文定义
新用户质量	新安装活跃用户数	在统计周期(周/月)内，安装后并启动过该App的用户数。
	新安装活跃转化率	在统计周期(周/月)内，新安装活跃用户数占新安装用户数的比例。
	新安装留存用户数	在统计周期(周/月)内，安装了且最后一天未卸载的用户数。如果某用户在该周期内卸载了该App，过一段时间后，又安装了该App，也算作留存用户。
	新安装留存转化率	在统计周期(周/月)内，新安装留存用户数占新安装用户数的比例。
	新安装卸载用户数	在统计周期(周/月)内，安装后且最后一天有卸载行为的用户数。
	新安装卸载转化率	在统计周期(周/月)内，新安装卸载用户数占新安装用户数的比例。
用户分布洞察	地域	包含了广东、江苏、北京、上海、天津、河北、河南等31个省市城市。
	终端品牌	包含了苹果、三星、小米、华为、VIVO、OPPO、联想、酷派、HTC、中兴等主流终端品牌。
	终端价格	终端价格以出厂价为标准，分为1~999元，1000~1999元，2000~2999元，3000~4999元，5000元以上等价格分布区间。
	运营商	包含了中国移动、中国联通、中国电信等三大主流运营商。
	网络环境	包含了Wi-Fi、2G、3G、4G、5G等主流网络环境。
App重合独占分析	重合用户数	在统计周期(周/月)内，同时使用过两个App或者三个App的用户数。
	重合率	在统计周期(周/月)内，该App的重合用户数与其活跃用户数的比值。
	独占用户数	在统计周期(周/月)内，两个（或三个）App中，仅使用过该App的用户数。
	独占率	在统计周期(周/月)内，该App的独占用户数与其活跃用户数的比值。
全景流量	总用户量	在统计周期(周/月)内，该应用在移动端用户量的总和。
	总用户量(去重)	在统计周期(周/月)内，该应用在各渠道用户量的去重总量(仅对全景流量去重)。
	用户量	在统计周期(周/月)内，该应用在对应渠道的用户总量。
	用户量占比	在统计周期(周/月)内，该渠道总用户量占合计用户量的比例。
	企业流量	在统计周期(周/月)内，该企业下各App用户量的去重总用户数。
	APP个数	该企业下关联的APP总个数。

外部数据来源说明

1、P007. 2012—2016年 全国手机出货量.
http://www.caict.ac.cn/kxyj/qwfb/qwsj/.
中国信通院. [引用日期2017-01-09]

2、P009. 2017—2019年 全国手机出货量.
http://www.caict.ac.cn/kxyj/qwfb/qwsj/.
中国信通院. [引用日期2020-01-09]

3、P011. 2020—2022年 全国手机出货量.
http://www.caict.ac.cn/kxyj/qwfb/qwsj/.
中国信通院. [引用日期2022-07-20]

4、P018. 国内生产总值（GDP）TOP15国家/地区.
https://data.worldbank.org.cn/.
世界银行. [引用日期2022-06-29]

5、P018. 2020—2022年各季度 中国国内生产总值（GDP）同比变化.
http://www.stats.gov.cn/tjsj/zxfb/.
中国国家统计局. [引用日期2022-10-24]

6、P019. 2020—2022年各月 中国社会消费品零售总额同比变化.
http://www.stats.gov.cn/tjsj/zxfb/.
中国国家统计局. [引用日期2022-10-24]

7、P022. 2012—2021年 中国出生人口数及人口自然增长率.
http://www.stats.gov.cn/tjsj/zxfb/.
中国国家统计局. [引用日期2022-02-28]

8、P022. 2012—2021年 中国总人口各年龄段人口比重.
http://www.stats.gov.cn/tjsj/zxfb/.
中国国家统计局. [引用日期2022-02-28]

9、P022. 1990—2021年 中国城镇化率.
http://www.stats.gov.cn/tjsj/zxfb/.
中国国家统计局. [引用日期2022-02-28]

10、P024. 2012—2021年 全国居民健康素养水平.
http://www.nhc.gov.cn/xcs/s3582/202206/5dc1de46b9a04e52951b21690d74cdb9.shtml.
国家卫健委. [引用日期2022-06-07]

11、P024. 2021年我国大数据产业规模.
http://finance.sina.com.cn/7x24/2022-05-26/doc-imizmscu3458872.shtml.
新浪财经. [引用日期2022-05-06]

12、P024. 2021年中国云计算市场规模.
http://www.caict.ac.cn/kxyj/qwfb/bps/.
中国信通院. [引用日期2022-07-21]

13、P024. 2021年中国人工智能产业规模.
http://k.sina.com.cn/article_5182171545_134e1a99902001efv0.html.
新浪网. [引用日期2022-09-01]

14、P024. 2021年 我国元宇宙上下游产业产值.
http://finance.sina.com.cn/blockchain/roll/2022-09-05/doc-
imqmmtha5984441.shtml?poll_id=52052.
新浪财经. [引用日期2022-09-05]

15、P024. 2022年上半年 我国联盟链业务营收规模.
https://caifuhao.eastmoney.com/news/20220930115716418495230.
东方财富网. [引用日期2022-09-30]

16、P024. 2022年9月 全国已建成5G基站数量.
https://www.miit.gov.cn/gxsj/tjfx/txy/art/2022/art_780a3527da644748ba7c54bf44d78654.html.
中国工信部. [引用日期2022-10-26]

17、P024. 2022年9月 三家基础电信企业发展蜂窝物联网终端用户数.
https://www.miit.gov.cn/gxsj/tjfx/txy/art/2022/art_7d93778caddc4359b262ce6c0a9e0c4a.html.
中国工信部. [引用日期2021-10-26]

18、P024. 截至目前，我国工业互联网产业规模.
https://m.gmw.cn/baijia/2022-07-20/1303054027.html.
光明网. [引用日期2022-07-20]

19、P024. 2022年中国VR/AR市场规模.
http://www.cnjjwb.com/index.php?s=szb&c=home&m=szb_content&id=4143.
经济晚报. [引用日期2020-10-20]

20、P026. 2021年中国半导体集成电路产量.
https://www.infoobs.com/article/20221206/56266.html.
信息化观察网. [引用日期2022-12-06]

21、P026. 截至2022年7月，国产自主手机操作系统—华为鸿蒙系统用户数.
http://www.ce.cn/xwzx/gnsz/gdxw/202207/28/t20220728_37911739.shtml.
中国经济网. [引用日期2022-07-28]

22、P028. 2022年1—10月 中国各领域公司获投数量分布比例.
https://www.itjuzi.com/investevent.
IT桔子. [引用日期2022-10-31]

23、P028. 2021—2022年 部分头部互联网公司投资数量分布比例.
https://www.itjuzi.com/investevent.
IT桔子. [引用日期2022-10-31]

24、P029. 国内独角兽公司 TOP15.
https://www.itjuzi.com/unicorn.
IT桔子. [引用日期2022-10-31]

25、P030. 2020—2022年10月 中国互联网公司上市情况.
https://www.itjuzi.com/ipo.
IT桔子. [引用日期2022-10-31]

26、P035. 2022年9月 OPPO新终端机型激活占有率TOP5.
https://www.pconline.com.cn/.
太平洋电脑网. [引用日期2022-9-30]

27、P036. 2022年9月 vivo新终端机型激活占有率TOP5.
https://www.pconline.com.cn/.
太平洋电脑网. [引用日期2022-9-30]

28、P036. 2022年9月 小米新终端机型激活占有率TOP5.
https://www.pconline.com.cn/.
太平洋电脑网. [引用日期2022-9-30]

29、P81. 2016—2022年 在线音乐 付费用户数与付费率.
https://www.eastmoney.com/.
东方财富网. [引用日期2022-08-16]

30、P100. 哔哩哔哩2022年第二季度电商及其他收入.
https://www.eastmoney.com/.
东方财富网. [引用日期2022-09-08]

31、P101. 2019—2022年爱奇艺营业成本及同比.
https://www.eastmoney.com/.
东方财富网. [引用日期2022-08-30]

32、P105. 2021年李佳琦直播间"双11"预售首日GMV.
https://new.qq.com/rain/a/20221025A03SQK00/.
腾讯网. [引用日期2022-10-25]

33、P123. 2021年抖音夏日歌会活动直播累计观看人次.
https://finance.sina.cn/2022-07-04/detail-imizmscv0036294.d.html/.
新浪财经. [引用日期2022-07-04]

34、P146. 2019—2022年国产游戏版号获批数量变化.
https://www.nppa.gov.cn/nppa/channels/317.shtml/.
国家新闻出版署. [引用日期2022-09-13]

35、P156. 全网网上零售总额.
http://www.stats.gov.cn/tjsj/tjgb/ndtjgb/.
国家统计局. [引用日期2022-02-28]

36、P159. 农产品网络零售额增长率.
http://www.mofcom.gov.cn/.
商务部. [引用日期2022-10-27]

37、P165. 直播电商交易规模及同比增长率.
http://www.mofcom.gov.cn/.
商务部. [引用日期2022-10-31]

QuestMobile

QuestMobile（北京贵士信息科技有限公司）是中国专业的移动互联网商业智能服务商，核心产品和服务包括TRUTH移动互联网标准数据库系列、Fullview全景生态流量服务、TRUTH AD insight营销及广告数据库、KOL新媒体数据库、DATA MINING数据挖掘分析服务、TRUTH品牌数字化数据库以及QuestMobile研究院的市场研究咨询服务。

QuestMobile的脱敏数据分析研究服务一方面可以帮助客户了解市场发展趋势和行业竞争格局，通过理解用户特征和行为特点优化自身运营效率，另一方面也可以帮助客户前瞻性地发现市场机会，找到具有增长潜力的赛道和投资标的。

扫码关注
第一时间获取关键数据及洞察
更多联系请至：Mkt@questmobile.com.cn